风格与工艺
唐宋家具及其后世影响

李　杨——著

图书在版编目（CIP）数据

风格与工艺：唐宋家具及其后世影响 / 李杨著 . --
北京：中国书籍出版社，2021.6

ISBN 978-7-5068-8520-1

Ⅰ . ①风… Ⅱ . ①李… Ⅲ . ①家具—研究—中国—唐宋时期 Ⅳ . ① TS666.204

中国版本图书馆 CIP 数据核字（2021）第 123799 号

风格与工艺：唐宋家具及其后世影响

李　杨　著

责任编辑　李　新
装帧设计　李文文
责任印制　孙马飞　马　芝
出版发行　中国书籍出版社
地　　址　北京市丰台区三路居路 97 号（邮编：100073）
电　　话（010）52257143（总编室）（010）52257140（发行部）
电子邮箱　eo@chinabp. com. cn
经　　销　全国新华书店
印　　刷　天津和萱印刷有限公司
开　　本　710 毫米 ×1000 毫米　1/ 16
字　　数　238 千字
印　　张　13.25
版　　次　2023 年 1 月第 1 版
印　　次　2023 年 1 月第 1 次印刷
书　　号　ISBN 978-7-5068-8520-1
定　　价　72.00 元

前　言

唐、五代家具是宋代家具的发展之源。唐代国力强盛，贸易发达，国人自信开放，胡人的一些生活习俗在中土成为时尚，而且在佛教生活的促进下，墩、胡床、绳床、靠背椅等高型坐具也在汉文化地区生根开花。垂足而坐的“胡式”起居方式先在宫廷流行，继而影响民间，带来了其他家具形式的变革，这些对在中国已延续了几千年之久的席地而坐的起居方式形成了巨大挑战。在中国家具史上，这一时期是早期古典家具向晚期古典家具的过渡阶段，即从低坐家具向高坐家具的转变阶段。在这种转型过程中，同时伴随着四种家具演进方式，即低坐风尚的延续、本土家具的发展、高坐家具的进入和外来家具的汉化。这一历程漫长而复杂：一方面，高型家具在一些聪慧的中国家具制作者的不断改进下渐渐融入中国人的生活，使他们的起居方式逐渐升高；另一方面，传统的低型家具体现了长久的生命力，它和高型家具的混用使人们的起居方式变化得颇为微妙，以至于它从来就没有在中国人的生活中彻底消失过。总的来看，唐代是我国高型家具的重要形成期之一，多种高型家具形式业已出现，家具多以圆厚为美，装饰趋于多样化，用材粗厚，浑朴大方，制作工艺已较为精湛。

在距宋代最近的五代，其家具大体上延续了唐代的风尚与特征。而家具真正简练质朴的风格成型于宋代，这也是中国高坐家具的成熟期,这是中国家具的杰出代表——明式家具的源头。宋代家具在设计理念与风格、造型结构、装饰、工艺等方面都对明代家具有重大的影响和启发。

唐宋是中国高坐家具发展的重要阶段,缺少这一时期的积累,后来明式家具的繁荣也就无从谈起。因此,唐宋家具是中国家具研究不能回避的一个重要课题,而对它的研究又由于各方面资料的缺乏而较难深入地进行下去,不过,值得肯定的是宋代家具研究的进展不但可以揭示它与明式家具的密切关系,促进明式家具研究工作的溯本求源,而且对于推进当代家具文化研究的发展,指导中国当代设计实践均能发挥积极作用。

本书以唐宋家具为重点,论述了明代之前中国家具的发展脉络。唐宋家具不断发展成熟,是中国家具的重要转折期,特别是宋代家具所形成的起居方式、设计理念逐渐成熟,到明代到达顶峰,形成了简练优美、端庄大气,并且带有强烈文人审美思想和品位的特色,而这种风格又在清代随着统治者品位的影响以及西方元素的加入逐渐走向衰落。从中我们可以总结出中国古代家具的演变过程,并从唐宋家具中寻找中国古典家具设计的传统,对现代家居有重大的启示和借鉴意义。

目前,在世界当代设计艺术中,中国元素广泛渗透到家具、时装、布艺、陶艺等众多领域,有的已成为国际时尚。一些中国家具特有的造型、结构与装饰已为越来越多的西方设计师所利用。而在国内,中国传统家具的设计与产品在市场上所占的份额也越来越大,人们对它们的喜爱程度也越来越高。

在商品经济的大潮下,人们急功近利而迷恋于浅层的浮光掠影，难以沉下心来发掘传统艺术中的深层内容与独特价值。因此，中国家具等设计艺术的复兴不能仅满足于中国元素的拼凑，而应立足于中国文化特有的内涵和深度，直面当代丰富多彩的生活，运用适当的技术手段，开发好古人留给我们的家具艺术资源，在此基础上寻求进一步的创造。因此，探寻唐宋家具的发展演变，从中发掘出中国古典家具工艺和设计的特色和精髓，才能将中国家具文化发扬光大。

作者

2021年6月

目 录

第一章　夏至魏晋南北朝的中国家具

本章介绍了夏至魏晋南北朝时期的家具概况，介绍了每个时期的社会背景，然后详细介绍几种主要的家具类型、装饰与风格以及家具的历史发展脉络，从中我们可以看出中国家具类型、工艺和风格的来源。

第一节　夏商西周时期家具

一、社会背景

原始社会发展到了末期，开始出现了国家权力组织的雏形。根据古代史料的记载和传说，大约是在公元前21世纪到公元前16世纪，我国出现了历史上第一个朝代——夏朝，这一时期属于我国奴隶社会开始逐步成型的时期。关于夏代的文献和资料很少。从有限的资料可以看出，夏代已经有了铜器，如《墨子·耕柱》有夏启铸九鼎的记载。20世纪末，学术界针对夏商周的断代工程在1996年正式启动，这一项目综合了自然科学和社会科学各领域的研究方法，初步取得了确立夏代基本年代框架的考古学依据。

商代的持续时间大约是在公元前16世纪至公元前11世纪，是夏代之后中国历史上第二个朝代，商代是我国古代奴隶社会开始走向成熟的时代，商代整个社会宗教氛围浓厚，并且崇尚武力。同时，商代的手工业开始快速发展，分工逐渐变细，因此，当时的青铜器制作工艺已经到了很高的水平，形成了典型的青铜器文化，在世界文化史上占有重要地位，因此商代又被称为青铜时代。

大约在公元前11世纪，周武王推翻了商朝，建立了周朝。周代是我国奴隶社会的鼎盛时期，奴隶制经济进一步发展。周朝统治者为了维护政权的稳定，开始实行分封诸侯，设立了爵位等级制度。《左传》中有记载："王及公、侯、伯、子、男、甸、采、卫、大夫，各居其列。"周代所设立的等级制度，通过一系列的礼仪固定下来，周代根据等级和阶层，严格规定了人们所使用的服饰、器物、宫室、车马等。周代的手工业在工艺水平上取得了更大的进步，在当时属于世界顶尖的水平，并出现了我国最早的工艺类著作《考工记》。从《考工记》中可以看到，周代手工业的分工很细，《考工记》中的6种工艺可以分为30个工种，如"攻木之工"（木工）有七，"攻金之工"（金工）有六，"攻皮之工"（皮革工）有五，"设色之工"（画工）有五，"刮摩之工"（雕工）有五，"搏埴之工"（陶工）有二等等。《考工记》总结了周代各种工艺制作的经验，反映了我国古代手工业的发达。

二、奴隶社会家具特点

我国早在商周时期，就已经发展出成熟的手工业，并且有了很细的分工，工艺水平也很高，商周时期的青铜器制造水平世界领先，流传于世的青铜器都有着精湛的工艺和非凡的审美品位。我们可以从流传到今天的商周青铜器中，看到一些中国古代家具造型和风格的雏形。商周时期的统治者极其重视等级制度的维护，这一时期的青铜器主要用于祭祀，当时的统治者对各种礼器的使用有着严格的规定。商周青铜器风格具有浓厚的宗教色彩，造型与装饰庄重、威严、粗犷、神秘，商周时期的最典型的青铜器纹饰是饕餮纹，其次还有夔纹、鸟纹、云雷纹等。这一时期已经有了成熟的漆木镶嵌家具工艺，商周时期漆木工艺继承了新石器时代以来的漆木技术，到了西周时期，漆器技术达到了很高的水平，制作工艺十分复杂。西周漆器的特点是普遍采用镶嵌蚌泡作装饰。野外考古发现了这一时期的镶嵌漆木家具。

(一) 家具兼有礼器职能

中国古代的奴隶社会时期，随着生产力的提高，人们逐步掌握了青铜器的生产技术，这体现了人类物质文明的巨大进步，商周时代中国社会进入到了一个全新的历史阶段——青铜时代。随着生产力的提高，社会经济的发展，手工业取得了很大的进步，这就为家具制作提供了充分的条件。商周时期的家具以青铜器为主，一般被作为礼器使用，是礼器的组成部分。青铜器的制作和使用体现着奴隶社会的等级制度，从古代文献《周礼》《仪礼》《礼记》中可以看到，当时的统治者对家具的品类、形制、数量、陈设、规格都按使用者的身份、地位进行了严格的规定，使用者不能逾越等级秩序。这说明统治者将奴隶社会的等级制度贯彻到生活的方方面面。这时期青铜家具以置物类家具为主，有俎、禁等。禁出自王侯一类的大墓。俎一般出土于一些大夫、上卿等贵族墓内，俎是先秦贵族在祭祀、宴享时是使用的工具，形状类似于几形，一般用来陈放牲体，也是切肉用的案子，在祭祀活动中，一般与鼎、豆等器具配合使用。根据考古挖掘，贵族墓内出土的俎很少。俎一般皆出自地位在大夫、上卿之列的墓中；从青铜器俎的造型特征中，可以看到中国古代家具造型的雏形。俎的造型为了满足祭祀活动的要求，其特点是线条对称、规整、庄重，如青铜俎的四足造型是运用板状腿，前后二足之间出现了两个对称的装饰壶门，这种壶门造型在中国家具史上沿用了几千年，这种造型为板腿造型增加了变化，并且显得对称、规整，给人一种安定感。俎的纹饰以饕餮纹、夔纹、云雷纹为主，图案也多采取对称的格式，青铜器的对称很可能是受当时所流行的“中剖为二”“相接化一”等观念的影响。对称的形式，会给人一种稳定、庄严的感觉，烘托出一种威严感，体现出贵族和统治者的权威感和宗教的神秘性。在西周时期，俎与鼎经常配套使用，根据《周礼·膳夫》中的记载：“王日一举，鼎十有二，物皆有俎。”俎的使用也是根据身份和地位进行划分，如《礼记·燕义》曰：“俎豆牲体，存羞。皆有等差。所以明贵贱也。”不同的俎有着不同的用途，根据所盛放牲体的不同，不同的俎各有专名，“羊俎”用来盛放羊牲，“彘俎”用来盛放猪牲。俎最重要的功能是在各种礼仪活动之中，作为重要的礼器被使用。《周礼》《仪礼》《礼记》等古文献均有记载，特别是《仪礼》中对俎的使用有着详细的说明。俎一般与鼎配套使用，且为奇数。《仪礼·公食大夫礼》记载天子、诸侯之礼应有大牢九鼎九俎。卿或上大夫之礼，应为七鼎七俎，下大夫用五鼎五俎。

在一些考古挖掘和文献资料中，我们可以了解到商周时期的俎的大概样子。例如，河南安阳大司空村商代墓出土的石俎，其面板为平面，下面有四足支撑着案面，石俎的四面有拦水线，拦水线高于面心，石俎周身都有装饰，它的四足有对称的云雷纹和饕餮纹，石俎的造型和装饰是典型的商代风格。

图 1-1-1　河南安阳大司空村商代墓出土的石俎

在文献资料方面，容庚《商周彝器通考》中收录的兽面纹铜俎属于商代晚期的作品，这件铜俎是长方形面案，案下两端有壁形足。铜俎的装饰为龙纹、饕餮纹和夔纹。还有西周早期的蝉龙纹俎。面板为长条形。中部微凹，四足圆柱形，周身刻有龙纹。这些商周时期青铜俎造型，蕴含着我国古代早期家具的雏形。

禁为先秦贵族祭祀、宴享时陈放酒器、食器的一种案形器具，亦为置物类家具。《仪礼·士冠礼》曰："两瓶，有禁"，郑玄注："禁，承尊之器也，名之为禁者因为酒戒也。"禁也有等级之分。

（二）漆木镶嵌家具崭露头角

迄今为止，我国发现的最早的漆器，是浙江省余姚市河姆渡村新石器时代遗址中发掘出的一个漆木碗，这个碗已经有 7000 多年的历史。

我国漆器工艺在商代时就已经十分发达。当时的人们掌握了髹漆和镶嵌的工艺，还学会了在木胎上进行雕刻，再髹涂漆色的手法。

图 1-1-2　浙江省余姚市河姆渡村新石器时代遗址出土漆木碗

从出土情况看，到了西周时代，漆器的工艺已经十分发达，当时，漆器已成为一门独立的手工业。从出土的西周时期的漆器来看，其中有很多漆器都采用镶嵌蚌泡装饰。这是西周时期一种常用的装饰手法，漆镶嵌螺钿技术，就是将贝壳或螺蛳壳等嵌在雕镂或髹漆器物表面，用来装饰器物，也称螺钿或螺甸。在北京琉璃河燕国西周墓地中，出土了一批西周时期的漆器，这些漆器装饰精美，其上髹漆、外表用蚌泡和蚌片镶嵌。蚌饰被磨得很薄，镶嵌图案十分精致。

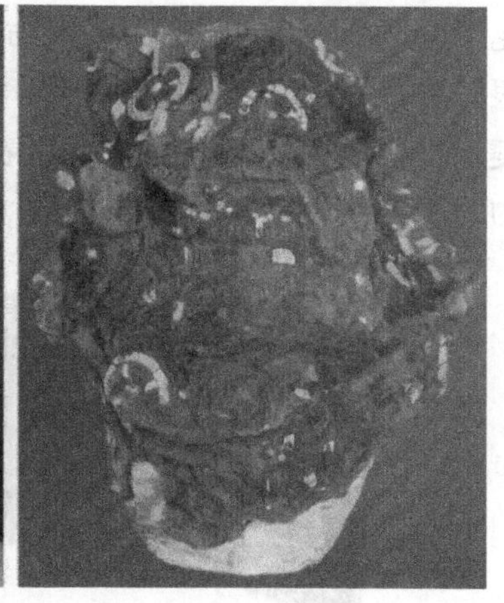

图 1-1-3　北京琉璃河西周燕国墓出土的螺钿漆罍

（三）狞厉神秘的艺术风格与家具装饰

商周时期的青铜器，造型和风格特色十分鲜明，这些青铜器普遍给人一种神秘、威严、粗犷的氛围，十分有震撼力。这一时期的家具造型和装饰的风格与青铜器风格类似，线条沉稳，风格大气，装饰图案通常都是对称式构图，有主纹也有地纹。

饕餮纹也被称为兽面纹，是最典型的青铜器纹饰，饕餮纹的造型是兽面的鼻梁为中线，两边图案对称排列，上端是兽角，中间是眼睛，两边有兽耳，有的还有兽爪。

图 1-1-4 饕餮纹

龙纹也是一种典型的青铜器纹饰，它包括夔纹和夔龙纹，宋代以后，人们根据古籍中“夔一足”的记载，将青铜器上一足的类似爬虫的图案称为“夔”，实际上，这种图案之所以看起来一足，是因为它们表现的是双足动物的侧面。

图 1-1-5 龙纹（1）

图 1-1-6　龙纹（2）

饕餮纹和龙纹等纹样一般出现在青铜器的面板或板足之上。饕餮纹和龙纹有很强的宗教色彩，给人一种神秘感，这些纹饰与我国古代社会的生活方式与宗教思想有很大的关系。早期的器物装饰，主要是服务于宗教意识，而不是用来审美，因此，青铜器纹饰都有一定的宗教意义。

饕餮纹和龙纹是典型的对称图案，规整而庄严，营造一种威严、神秘、凶狠的氛围，具有恐吓的作用，这是为了制造权威感，使人们产生服从和崇拜的意识，从而对人产生精神统治与威吓的目的。这种图案具有超自然的意味，反映了原始宗教的观念，从今天的眼光来看，商周时期的青铜艺术表现出磅礴的气势和狞厉的风格。

（四）席地而坐的起居方式

席是一种编织而成的坐具，使用历史十分悠久。

我国古人在早期的起居方式是席地而坐，因此，席在我国历史上有着很重要的作用。在古人的生活中，无论是王侯将相还是普通民众，无论是朝见、飨食、封国、命侯、祭天，还是普通人的婚丧嫁娶以及日常生活，都离不开席。

在传说中的大禹时代，人类就已经掌握了席的制作技术，并且学会了用丝麻织物包边，对席子的边缘进行装饰。

大禹时代人们已经开始使用茵席，只是在当时，茵席的使用还不是很普遍。到了商朝的桀纣时期，社会进一步发展，工艺水平进一步提高，人们使用的席子装饰更加复杂，茵席的使用也更加普遍。

到了周朝，丝织工艺更加发达。尤其是到了西周时期，出现了丰富的丝麻制品，如毡、毯、茵、褥等十分普遍。由于工艺的进步，席的编织和装饰技术越来越丰富，席的品种和花色不断增多，制席工艺走向了鼎盛时期。

从制作工艺的角度，席大体上可以被分为编织席和纺织席两种。

从功能上划分，席可以分为凉席和暖席。凉席一般是由竹、藤、苇、草等材料编织而成。暖席一般是由毛、兽皮等材料制成。在《周礼·春官》中，记载了当时的编织席，也就是所谓的“五席”，包括“莞、藻、次、蒲、熊”。

莞席是由莞草编织而成的，这种植物也被称为水葱或小蒲，莞席编成的席子质地较为粗糙，一般铺在最底层，常常作为铺在地上的“筵”使用。正如《诗·小雅·斯干》中写道：“下莞上簟，乃安斯寝。”

一般来说，古人将带有丰富装饰、色彩比较艳丽的席子称为藻席。但是，严格意义的藻席，是由染色的蒲草编成花纹，或者用五彩丝线装饰的席子，这种席子一般铺在莞席的上面。

次席是一种由桃枝竹编成的席。如郑玄为《周礼·春官·司几筵》中的“加次席黼纯”注曰：“次席，桃枝席，有次列成文者。”

蒲席是由一种水草编织而成的席子，这种水草被称为菖蒲、香蒲，生长在池泽，这种席子比较光滑不黏腻，常被作为凉席使用，较粗糙的蒲席铺在下层，被称为筵。

熊席，就是用熊皮等兽皮制成的席子，熊席是供天子使用的，一般用于四时田猎或出征时。

此外，编织席还包括苇席、篾席、丰席及洗浴用的硼系席，郊祭用的缟素等等。

纺织席是用丝麻制成的，它包括毡、毯、茵、褥等，毡是用兽毛和丝麻混合制成的坐具。毯也是由兽毛或丝麻制成，区别在于它的质地比毡更细，更轻薄，毯在我国古代的西北少数民族中使用较多。

茵和褥都是一个统称，前面讲到的毡、毯之类既可以称之为席，又可以称之为褥。

在周代，席的使用规范已经与统治者的统治秩序有很大的关系，精美的席也是权力与地位的象征。周朝的礼仪制度，对不同的人所使用的席的材质、形制、花饰、边饰都做了详细的规定，席的使用要符合使用者的身份地位，不得有丝毫的违反。

第二节　春秋战国时期家具

一、社会背景

我国的奴隶社会经历了1300多年的历史，到了西周末年，奴隶社会开始走向衰落。当时，周天子难以驾驭诸侯的势力，诸侯之间战争不断，形成了我国历史上一个动乱的年代，同时也是社会、文化转型的年代，史称春秋时期。经历了一段时间的战争，春秋时期各国最后形成了齐、楚、燕、赵、韩、魏、秦等7个强国，史称战国时期。春秋战国时期是我国古代社会从奴隶制开始向封建制转型的时期。这一时期奴隶制的瓦解，刺激了劳动者的生产积极性，促进了生产力的发展。生产力的提高表现在生产工具的进步，当时的冶铁技术有了很大的进步，铁器开始大量被使用，铁器的使用又促进了社会生产力和经济的发展，所以考古界将春秋战国时代称为铁器时代。当时手工业更加发达，除了官营的手工业之外，还有私营和小农家庭经营的类型。手工业的工艺水平不断进步，分工也越来越细，社会经济获得了很大的进步。

二、家具工艺进入新阶段

春秋战国时期，诸侯之间战争不断，社会正在经历巨大的变革，当时的诸侯和知识分子都在思考建立新的制度。另一方面，春秋战国时期也是社会生产力快速提高的时代，手工业更为发达，因此，家具制造工艺水平也有了很大的进步。随着整个社会生产力的提高，各个诸侯国的经济逐渐形成了各自的地域特色，同时也刺激了文化的繁荣，春秋战国时期在思想、文化和艺术上，都迎来了巨大的发展和变革，学术上出现了“百家争鸣”的状况，对后世产生深远的影响。这种百家争鸣的文化环境，也影响到了家具艺术风格的形成和家具的工艺。而这一时期，也是中国家具形制和家具制作工艺的转型期，春秋时期家具制作的变化成为汉代低矮家具时期的序幕。

原始社会，人们的起居方式是席地坐卧，这种习惯在人类历史上持续了很长时间，这也就造成早期家具都是低矮的造型。早期家具的低矮的造型是由古人席地而坐的习惯决定的。

春秋战国时期，家具的设计必须适应古人席地而坐的起居习惯，因此，这一时期家具的主要特点是低矮。春秋战国时期，家具品类不断丰富，造型也不断创新。这一时期的家具类型依然有着原始社会家具单调、功能较为综合的特点，但是品类也开始逐渐丰富起来，出现了坐卧、储物、展示等功能的家具。中国家具的分类大约在这个时候开始成形。这一时期，青铜家具在生产中发展出了更先进的技术，漆木家具也开始快速发展，其中的代表是楚国漆木家具。考古发掘表明，这一时期出现了坐卧床，如河南信阳楚墓和湖北宝山楚墓出土的彩色漆木床，也出现了屏风。屏风可以用来划分室内空间，也可以用来装饰，说明这时期的家具开始具备审美功能。

这一时期的家具装饰纹样依然保存着商周时代的传统，形式上以对称为主，以及连续带状二方连续图案，同时也产生了重叠缠绕、连续四边形的纹路。这一时期的漆器色彩通常以黑色为底色，加上红、绿、黄、金、银等色彩作为装饰。雕刻技法也被广泛运用，产生了浮雕和镂空等技术，家具讲究精雕细刻，装饰十分精美。此外，家具上还会搭配青铜、竹器和玉等装饰，例如，漆桌上会镶嵌玉石，木床上会搭配竹栏杆。例如，生产竹子的楚地，其家具常常采用竹制品，这是因为楚地气候较为炎热，用竹制品可以降温。

（一）青铜家具的新特征

春秋战国时期的青铜器工艺十分成熟，郭沫若对此有着精辟的论述和总结：“自春秋中叶至战国末年，一切器物呈现出精巧的气象……器制轻便适用而多样化，质薄，形巧。花纹多全身施饰，主要为精细之几何图案，每以现实性的动物为附饰物，一见即觉其灵巧。”这一时期与商周时期相比，青铜器具的功能发生了变化，造型和装饰有了新的风格和特点。商代青铜器有宗教方面的功能，主要用于祭祀。周代青铜器多数是礼器，有了一定的世俗功能，而到了春秋战国时期，青铜器仍然保留着礼器的功能，但已经逐渐成为日常用具，造型和装饰更加精美。

除了禁、俎之外，这个时期青铜器类家具类型也更加多样，出现了新的品种如青铜案，在风格上与前代有很大区别，青铜器制作工艺水平也有了很大的提高。在技术方面，由商周时期浑铸，发展出分铸，以及镶嵌、焊接、蜡模等新的工艺，新的工艺使得这一时期青铜器的造型和装饰更加精致和丰富。当时的青铜器无论是制造水平还是美学价值都是世界领先的水平，技术的进步为青铜器带来了更加丰富的艺术表现力，青铜器的装饰功能和美学价值大大提高。例如，当时人们创造了焊接方法，这一方法使铸造过程更方便，同时也使铸造不同造型的器具成为可能。此外，金银错工艺是春秋战国时出现的一种青铜器的装饰工艺，这种方法是先在铜器上刻一些图案浅槽，然后将金银嵌入其中，再用错石（厝石）磨平。金银错是春秋战国时期青铜工艺的一大创新。鎏金也是当时的一种新工艺，将金箔碎片放入坩埚内加热，然后在其中加入一定比例的水银，熔化后的液体被称为金泥，再在金泥中掺入盐、矾等材料，将其涂在铜器上，烤干以后，金泥就会附着在铜器上。此外，这一时期值得关注的工艺还有失蜡法。失蜡法工艺并不复杂，先用蜡做出器具的造型和装饰，用泥将模型内外填充加固，烘干以后，将熔液倒入，蜡液流出，就形成了铸造物，这种方法做出的青铜器层次丰富，可以用来制作各种立体和镂空的效果，大大加强了青铜器的装饰性。失蜡法的创造，对推动我国金属器物工艺的发展有很大的作用。

1978 年出土于河南省淅川县下寺 2 号春秋楚墓的云纹禁，就是春秋时期的代表作，整个禁周身都装饰着透雕云纹，以及立体雕兽，整体装饰十分精致细腻，雕工精湛，如此结构复杂精彩是因为它采用了失蜡法铸造。这件作品充分体现了当时巧夺天工的铸造技术。有学者认为，这件器具是迄今为止发现的中国最早采用失蜡法熔模工艺制造青铜器。

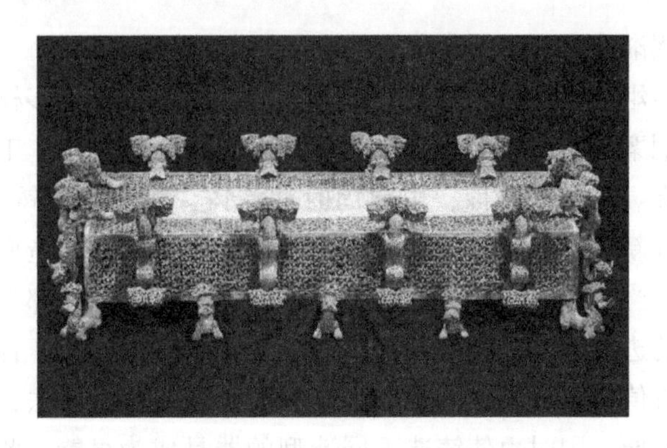

图 1-2-1 河南省淅川县下寺 2 号春秋楚墓的云纹禁

战国时期的代表作有战国中山王墓中出土的错金银嵌龙形方案，1997年出土于河北省平山县，这件方案上镶漆的木制案面已经朽坏，下面是四龙四凤围绕成的底座，龙头顶上方承接着方案，方案的四边围绕着错金银云纹，龙凤之下有一个圆形底盘，盘下还装饰着 4 只鹿，雕刻得栩栩如生，整个造型非常精巧。

图 1-2-2 平山县三汲村战国中山王墓出土错金银四龙四凤铜方案

总之，春秋战国时期的青铜家具品类，在工艺上和造型上都有着明显的时代风格，它们共同的特征是精致和轻巧，造型规整、圆润、简洁而富有变化，大量运用镂空的图案，用料轻薄，给人以轻盈、灵动的美感。这表明，这一时期新家具工艺的成熟。这种造型和装饰上的变化说明了当时的青铜器已不再像商周青铜家具那样神秘而雄伟，宗教色彩变弱，这标志着我国青铜器艺术进入了新的历史阶段。同时，漆器工艺的兴起，使得这一时期漆木家具逐渐取代青铜器具。

（二）楚式漆木家具的新纪元

春秋战国时期，社会经济发展迅速，手工业也十分发达，不仅青铜器工艺有很大进步，漆器工艺也开始突飞猛进，为中国家具的发展创造了条件。这一时期的漆器工艺以及其他家具工艺，迎来了历史上的第一次繁荣发展。相比铜器，漆器重量轻，使用方便，还有坚固、耐腐蚀、耐酸、耐热等优点。漆器的材料更便于操作和加工，造型和装饰也更加丰富；漆器有丰富的色彩，有一定的光泽度，装饰功能更强。因此，漆器逐渐受到人们的青睐，工艺水平也快速进步。

这一时期，各地区社会经济发展状况不多，地域文化差异较大，当时的漆器技术在南方较为发达。楚国是当时面积最大的国家之一，楚国的自然环境很适合种植漆树，气候温暖，雨量充足，土地肥沃。当时漆树被大量种植，同时漆工艺有了很大进步，漆器家具使用越来越广泛。到了战国时期，楚国设立了专门的官员对漆树种植和漆器生产进行管理，可见当时的统治者对这漆器行业已经十分重视。在大量的楚墓考古发掘中，如荆门宝山楚墓、当阳楚墓、湖北江陵楚墓、长沙楚墓等，可以见到许多古代漆器作品。湖南、河南淅川夏泗楚墓、信阳楚墓等地出土了很多春秋战国时生产的漆器，这些漆器品种丰富、外形美观、工艺精湛，代表了当时漆器工艺的水平。很多楚氏墓葬，出土了大量精美的家具，甚至有全套的室内卧具，家具类型齐全，有漆床、漆桌、漆桌、漆盒、架子、漆屏风等，而且都是彩绘，最令人惊异的是，这些漆器在地下埋藏了两千多年，色彩依然十分绚丽，保存完好。

据统计，战国中期楚氏墓葬出土的家具是最多的。战国初期，楚国漆器生产就有了很大的规模，到战国中期，楚国漆器已经形成了具有地域特色的风格。楚氏墓葬中，大夫、上卿诸侯之列的墓中出土家具最多。出土家具较多的地区，集中在楚国都城江陵及其附近。主要分布于湖北江汉平原楚国中部，最北方位于河南南部，最南方位于湖南中部。楚氏墓葬出土的漆器较多，与当地的自然环境和气候条件有关。南方湿润的气候更加有利于漆木的保存。

从战国墓葬出土情况可以看出，漆器在当时的贵族生活中有着重要的位置。春秋战国时期是中国古代家具的一个转型期，也是漆器技术快速发展的时期。战国时期，南方的楚国的漆器生产最为繁荣，这是因为楚地森林茂密，气候温和，木材资源丰富，木工技艺也十分发达，漆艺也独具特色。楚国一方面吸收北方中原文化的元素，同时吸收了青铜的工艺和装饰风格，也运用了一些南方少数民族文化中的原始元素，从而形成了独特的风格。基于这些因素，楚式漆木家具艺术成为中国先秦时期具有代表性的艺术。

1. 奇妙的楚式家具

楚式家具是春秋战国时期家具的代表，楚式家具种类丰富，并且功能齐全，一种器具兼有多种功能，造型和风格也独具特色。

(1) 多种多样的楚式俎

春秋战国时期，家具制作技术不断发展。这个时代家具制作工艺的特点是：一方面继承了西商周时期的艺术特点，另一方面开始发展出新的造型和装饰风格，楚式家具是其中的典型。目前出土的春秋战国时期青铜器和漆木制品，很多都来自楚墓的挖掘。春秋时期的青铜器还保留着周代的特色，到了春秋末期，特别是战国时期，楚式家具风格才逐步确立。与其他家具一样，这一时期的漆器的特点是工艺高超、制作精美，在形式和装饰上形成了自己独特的风格。

春秋时期俎出土的地区：

湖北江汉地区共33件。分别出土于当阳赵家湖M2、M3、M4，金家山M1、M2、M7、M9、M247、M252，赵巷M4，曹家岗M3等。

河南淅川共1件。出土于下寺M2。

战国时期俎出土的地区：

湖北江汉地区共63件。分别出土于望山M1、M2，楚氏曾侯乙墓，包山M2，雨台山楚墓等。

河南信阳共78件。分别出土于信阳长台关M1、M2。

湖南长沙共7件。出土于长沙浏城桥M1。

安徽寿县共1件。出土于寿县楚幽王墓。

春秋时期俎的种类和样式也在不断增多，当时的俎有青铜制作的，也有木质的。如湖北宜昌当阳赵巷 4 号春秋墓出土的彩绘动物纹四足漆俎，装饰精美，工艺精湛，是春秋时期俎的代表作。

图 1-2-3　湖北宜昌当阳赵巷 4 号春秋墓漆俎

楚式俎的造型和装饰表明，春秋早期楚国的家具仍然受中原文化的影响，其造型仍然继承商西周时期的俎的风格，另外，春秋时期的漆器大多模仿当时青铜器的造型。

战国时期，楚式铜器不仅保留了形制，还保留了春秋时期装饰的特点。在继承春秋时期青铜器风格的同时，对其进行了发展。与春秋时期相比，楚国出土俎的面板形状基本呈长条状，并且有凹面、两端薄、中间厚的特点。此外，俎的材料除了铜，还有木和陶瓷。彩绘装饰更加华丽，装饰不仅有素色或动物图案，也有了黑色、红色、灰色的几何图案和卷云图案。俎的足发生了很大变化，出现了很多新款式，比如凹脚、立板形脚、箱形脚等等。

楚式俎吸收了中原文化的元素，逐渐带有了自己的地域性特色，成为当时家居艺术的代表。

(2) 精美绝伦的楚式漆案、漆几

春秋战国时期的漆案、漆几装饰十分华丽，雕刻手法复杂，出土的器具普遍有彩绘、浮雕和阴刻几种装饰方法，彩绘色彩绚丽，构图繁复而细密，装饰纹样有植物、如意纹饰等。

如随县曾侯乙墓就出土过这样的战国漆案。该几的特征突出的色彩是朱红色，雕刻十分华丽。

图 1-2-4　湖北随县曾侯乙墓出土战国漆案

（3）具有特色的楚式小座屏

屏风，是一种用来遮蔽、分割室内空间、挡风的家具。屏风在我国出现很早，在西周初期就已经被使用，在春秋战国时期使用已经十分普遍。早期它的称呼并不是“屏风”，而是“邸”或“扆”。

战国时期，随着社会的进步，家具的审美功能逐渐增强。屏风的基本功能是为了挡风和分隔空间，到了后来屏风的使用越来越广泛，形态和装饰也越来越精致，人们越来越重视屏风的装饰和观赏的功能，出现了单纯作为观赏物的小座屏。

目前楚墓中出土的大部分屏风实物，基本上是彩漆木雕座屏，用透雕手法装饰着各种动物或植物图案，屏风的屏与座取自一块木材，整体雕成。这些屏风都是观赏品，造型精巧。例如，1965 年湖北望山 1 号楚墓出土的一件彩绘木雕小屏风。屏、座一体，小巧精致，外框采用透雕，雕刻着凤、雀等多种动物，底座上刻有盘绕的蛇。各种动物活灵活现、形态逼真，彩绘装饰也十分华丽，底色为黑漆，上面有红、绿、金、银色所绘制的图案，堪称艺术精品。1978 年湖北江陵天星观 1 号楚墓出土的彩绘木雕座屏，也是一座长方形屏风，屏风的中间有一根立木，两边各有一条龙，同样使用透雕手法，两条龙背对彼此，尾部相连。屏风整体髹黑漆，同时搭配座红、黄、金三色彩绘，两侧采用阴刻法雕刻云纹。工艺水平十分高超，令人叹为观止。

图 1-2-5　湖北望山 1 号楚墓彩绘木雕小屏

图 1-2-6　湖北江陵天星观 1 号楚墓木雕座屏

（4）目前发现的最早的床

河南信阳楚墓挖掘出土的战国彩漆木床，是迄今为止考古发掘中发现的我国最早的床。信阳楚墓出土的战国木床，床身是用方木棍做成长方框，用来支撑床面。床的四周围着用竹子制成网格状的栏杆。床整体髹黑漆，四角及前后两边中部各有一个床足，床足用透雕手法装饰。

图 1-2-7　河南信阳楚墓出土的战国中期彩漆木床

楚墓中出土了其他类型的漆木家具。例如，湖北随县曾侯乙墓出土的彩绘木箱，箱子的箱体、箱盖取自一整块木材。黑漆为底，上面用朱漆装饰。

图 1-2-8 湖北随县曾侯乙墓彩绘衣箱

图 1-2-9 湖北随县曾侯乙墓出土彩绘木衣架

2. 制作精良的家具工艺

春秋战国时期，漆器工艺已经发展到十分先进的水平，到了战国时期，漆工艺已经有了很细的分工。

这一时期的漆木家具有了更为复杂的榫卯结构，有明榫、暗榫、透榫、半榫、燕尾榫等。

在装饰方面，楚地的彩绘漆器，通常是以黑漆为底色，在上面用红漆或彩漆作为纹饰。楚地有着丰富的朱砂资源，所以红漆的用料一般是朱砂。髹工十分先进考究，有些家具即便在地下埋藏千年，漆色依然绚丽光亮。

3. 丰富多彩的家具艺术风格

楚式家具产生的历史背景，正好处于先秦重要的开创时期。

楚式家具的风格与先秦时期的社会意识有很大的关系。当时，原始的宗教观念已经逐渐淡化，对理性和人性的追求逐渐蔓延。在审美观念上，“百家争鸣”的背景为当时的思想解放带来巨大的影响，儒家美学、道家美学和具有深厚哲学思想的周易美学都对当时的家具设计开始产生影响。但是，当时诸子百家的哲学思想，是建立在诸侯争霸的历史背景上，这些哲学思想是一种内省的智慧，当时的思想家主要关注的是社会的变革、人伦和道德的构建。因此，当时的家具工艺和风格仍然处在一个转型和探索时期。

此外，楚式家具受楚地文化影响，楚地独特的风俗习惯和思想观念孕育出了楚式家具风格。家具上的装饰和图案，体现了当时楚地特有的一种古代浪漫激情和理性觉醒的精神。楚式家具的装饰特点是综合运用纹饰与雕刻。家具装饰以植物、动物图案和神话中的神兽为主，想象力丰富、表现手法夸张，表现形式丰富。这种浪漫情怀的表达，体现了一种蕴含奇特想象力的艺术魅力，表现了材料结构和工艺美术的特点。这是楚式家具文化的形象思维和审美情趣的基本特征。

楚式家具造型优美，能够巧妙地结合家具的功能性与观赏性。春秋战国时期的工匠们在设计家具时，不仅考虑实用功能，还考虑用料的经济，产生很多既实用又美观、典雅的家具。例如，漆几是一种供人在坐在地面时倚靠的小家具，一般较为低矮，将几面设计成弯曲状，两端略翘，一定的弧度便于凭倚，例如，湖南长沙楚墓出土的战国彩绘凭几，整体轮廓圆润，几面微曲，承足的横座比足宽，这种设计符合力学要求，舒适感强，造型优美、简洁，自然流畅。

图 1-2-10 战国彩绘凭几

色彩华丽。战国时的漆器色彩以黑色、红色为主，对比强烈，非常抢眼又华丽。色彩鲜艳、色调温和，是楚式漆器和战国家具的艺术特色和时代风格。

装饰精美。这时期家具装饰艺术除继续保留商代中心对称单独、适合纹样和周代反复连续带状二方连续图案的传统装饰方法外，还产生以重叠缠绕、上下穿插、四面延展的四方连续图案组织。所谓二方连续构成的图案，是以一个单位纹样作基础，向上下或左右反复连续组成，它的特点是排列反复，节奏感强。长沙浏城桥楚墓出土的浅刻云纹几、江陵天星观楚墓出土的云纹和 S 形几，其云纹被描绘成飞扬流动、上下萦回，好一副气象万千的自然壮景。崇尚自然，“顺物自然”，是老庄工艺思想的核心；尽夸张、想象、比喻之能事，是屈子的浪漫主义情调。这样的艺术手法和形式，所追求的是自然的生动和自由的旋律美。

图 1-2-11 沙浏城桥楚墓出土云纹几

4. 楚式家具的巫文化因素

春秋战国时期的南方很多地区，还保留着原始的氏族社会结构，原始宗教和巫术的氛围依然浓厚，文化艺术也保留了较多的原始气息。楚南地域到处分布着湖泊，有浩瀚的长江，植物、动物丰富，这样的地理条件孕育出热情而浪漫的民族，它充满了各种神话和巫术的色彩。楚文化便是在这种背景下发展起来，就是我们民族的浪漫主义，也是传统中国艺术的摇篮。

楚人相信死后有“神鬼世界”。这些神鬼不仅给人们带来灾难，也可以给人们带来好运。他们相信阳界的居民和冥界的灵魂会以某种方式进行联系，比如祭祀活动。不敬会使他们的鬼魂产生怨气，所以必须驱除邪灵，并敬重自己的祖先。楚人坚信人死后灵魂会继续生活在另一个世界，所以他们会将生活用品随葬，其中就包括家具。

楚国家具风格也有着强烈的宗教意识和浪漫主义风格。家具的设计，往往善于调动人们的情感因素，运用各种符号和图案表现人们的精神世界。楚式家具艺术体现了楚人的生活内容和思想意识的艺术特点，而恰恰是楚人对巫术和祭祀信仰的物质文化的反映。

春秋战国时期的家具以楚式漆木家具为代表，因此学术界有“楚式家具”的概念。如今可以看到的家具主要来自楚墓，楚地的漆器是先秦时期家具的代表作，是我们研究我国漆木家具系统的主要来源。春秋时期的楚地家具十分丰富，楚式家具华丽的色彩和神秘的图案，体现着一个浪漫而原始的充满巫术的世界。从楚式家具的工艺和艺术风格中我们可以看出，这时期的家具与商周厚重、古朴、威严的青铜器和石器，有着截然不同的美学风格。家具的艺术风格，体现的是不同时期的意识形态和社会状况。楚式家具的装饰，以各种重叠缠绕、上下穿插的纹路，以及龙、凤、云、鸟植物的图案为主。许多装饰图案是云气、妖怪、仙人的主题幻化，形式夸张、风格浪漫，有强烈的巫术概念。从出土的家具中可以看出，当时的墓主人在死后进入了充满鬼神的世界，体现的是当时人们所追求超越现实世界、灵魂升天的宗教思想，这体现出当时的社会价值观。楚式家具作为当时的家具艺术代表，开创了后世漆木家具的先河。

第三节 秦汉三国时期家具

一、社会背景

经过春秋战国长期的混乱局面，秦朝于公元前221年消灭了诸侯各国，建立起中国历史上第一个统一的中央集权封建国家。秦朝在全国上下开展了方方面面的大规模改革，建立了统一的政治制度和法律制度，尽管秦朝历史非常短，但秦朝所建立起来的制度，为后世的封建社会奠定了基础。然而，秦朝统治者的残酷的统治，激发了巨大的社会矛盾，引起了我国历史上第一次大规模民间起义，起义推翻了秦王朝的统治。公元前206年，汉朝建立，汉初统治者为了巩固政权，缓和社会矛盾，采取“无为”的政策，在汉朝初期建立起较为稳定的社会，使得国家的经济开始快速发展，手工业也取得进步。到了汉武帝时期，国力强盛，国内各地区的联系更加频繁，大一统的局面得到巩固且加强了中央集权。经济的发展和手工业的发达，使当时的家具工艺也开启一个新的篇章。

二、汉代家具工艺的长足发展

秦朝历史较短，并没有出土代表性的家具，但在秦始皇陵、湖北云梦睡虎地秦墓等地都出土了秦代的陶俑。汉代家具，特别是漆器，继承了战国漆器的工艺，并且有了更大的发展，家具制作空前繁荣。目前出土的汉代家具墓葬分布全国各地。不仅在中原墓葬中出土，而且在南部的广东，北部的辽宁，西部的甘肃都有出土。在出土的众多家具中，长沙马王堆汉墓出土的家具制作水平最高，是我们研究家具制作工艺的重要对象。

汉代中期以后，国家进一步走向强盛，随着封建经济的发展和汉代封建制度的巩固，宗教意识和儒家思想都体现在家具和陈设上。到了汉代中后期，厚葬的风俗更加明显。从考古发掘出土的家具来看，大量的墓葬壁画、石像、人像砖上都有汉代家具的形象，也出土了很多木制家具、漆面家具、陶瓷家具等家具实物，这些考古挖掘充分展示了汉代的家具风格与特点。

这一时期的家具继承战国时期的家具风格，而且出现了许多新的形式，种类进一步丰富，功能也更加齐全，几、案和传统屏风的样式越来越多样。比如榻屏、大衣柜等，桌子的雏形也开始出现。汉代漆器在工艺上分工更加细致，在制造工艺、装饰工艺和使用范围等方面都可以看到战国漆器的影响，在工艺水平进步的条件下，形成了自己的特色。

汉代漆木家具迎来了又一个发展的高峰。除了漆器，还有玉石家具、竹家具、陶瓷家具。家具的设计完全符合当时人们席地而坐的生活习惯，汉代家具是中国低矮家具的代表。

总而言之，这一时期出土的家具品种全、数量大、工艺高超，令人叹为观止。中国传统家具到了汉代有了巨大的进步。可以说，这一时期的家具工艺是我国家具发展的又一高潮。到了东汉末年，家具设计受到西北少数民族文化的影响，家具生产出现新的发展趋势。

（一）品类繁多的汉代家具

到了汉代，由于国家的繁荣和材料的丰富，汉代的家具造型多样化且华丽。汉代低矮家具的品种发展得更加齐全，许多新品种出现，形成了完整的组合家具系列。这一时期的家具都是随手摆放的，没有固定的位置。根据不同场合布置不同。

1. 汉初家具造型的缩影

汉初的统治者改变了秦朝的严厉统治，在继承秦朝制度的同时，主张学习道家思想，推崇“无为而治”“休养生息”的策略，使人民能够快速恢复生产。

西汉初，手工业生产逐步恢复，但大多为诸侯和中央政府所控制。汉初的家具制造继承了春秋战国时期的家具工艺，并且有了进一步发展。我们可以从大量的考古发掘和出土的文物中看到当时家具的工艺水平和艺术风格，其中最有代表性的是举世闻名的马王堆汉墓出土的汉代家具。1972年至1974年初，湖南长沙马王堆的3座汉墓相继被发掘。大量的出土家具体体现了汉初家具工艺水平，代表了汉初家具的典型样式。研究长沙马王堆汉墓出土的家具，对于了解中国家具的发展史具有重要意义。

(1) 精美轻巧的漆器家具

马王堆汉墓出土的漆器家具制作十分精细、装饰极其华美，体现出富丽堂皇的风格。当时的漆器用料也十分讲究，使用的木材一般是容易加工、不易变形、耐腐蚀的木材。家具结构设计合理，品种丰富，符合当时人们“席地而坐”的生活习惯。

图 1-3-1　彩绘漆奁，长沙市马王堆 1 号汉墓出土

图 1-3-2　云纹漆鼎，马王堆 1 号汉墓

图 1-3-3　西汉彩绘漆屏风　马王堆 1 号汉墓

图 1-3-4　西汉云纹漆盒，长沙马王堆 1 号汉墓出土

（2）制作精美的竹器

马王堆一号汉墓还出土了不少竹制家具，包括竹笥、竹席。

“笥”是一种储藏类家具，是用来盛放食品或衣物的器具，一般是长方形，马王堆一号汉墓共出土了 48 个竹笥。这些竹笥出土时排列整齐，大部分都保存完好，竹笥上面别用麻绳来捆绑，有的竹笥中还存放着盛物名称的木牌，如“衣笥”“缯笥”等。用来盛放食品的竹笥底部铺着茅草。

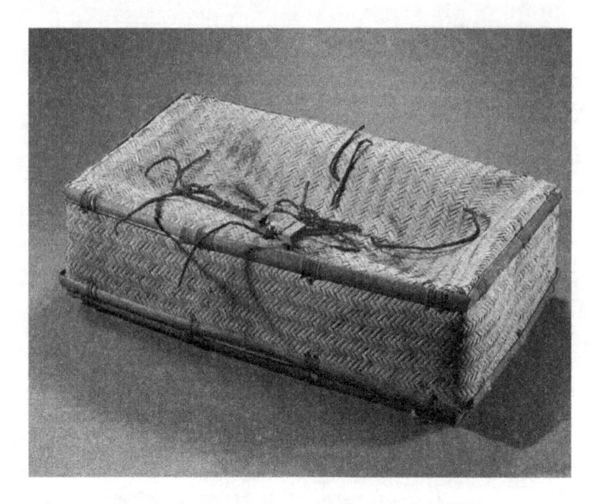

图1-3-5　马王堆汉墓“熬兔笥”竹笥

从考古挖掘可以看出，长沙马王堆汉墓所出土的竹制家具选用的都是十分耐用的竹子，编织工艺十分高超，竹器家具采用特殊操作技艺，所制成的家具坚固耐用，功能设计上也很完善，体现了古人善于运用自然材料的智慧。

（3）帛画中所描绘的家具与陈设

马王堆1号、3号汉墓T形帛画，其内容、形制基本相同。

我们可以从汉墓中出土的帛画中看到当时的建筑形式与家具陈设。建筑和家具设计是一个整体，家具的陈设是整体室内布局的一部分，而布局也是整个建筑设计的一部分。建筑设计、室内布局和装饰、家具设计是一个统一的整体，有着统一的风格和设计理念。

马王堆1号、3号墓出土的T形帛画，从中可以看出古人对于建筑的构造方式，帛画用传统的分段式构图方法。帛画的上部表现的是天阙部分，天门采用木构架式样。中间表现的是人间部分，有朱红色的台基，装饰着白色纹饰，中间部分表现的是墓主人的生活，墓主人上面是华盖，用红色的帷幔。下面表现的是宴飨娱乐的场面，画面中的陈设以食案为中心，家具和生活用具的摆放一般采取对称的形式，体现了“天、地、人”的宇宙观，整个画面构成一个完整的世界。

图 1-3-6　马王堆汉墓的 T 型帛画

总之，T 型绢画中所表现的汉代建筑装饰和家具，体现的是古代中国人关于宇宙和社会的观念，直到今天，一些现代建筑的室内装饰和许多戏院的装饰中，仍然可以看到这种带木框的帷幔式装饰。

2. 汉代厚葬之风与出土的明器、壁画、石刻等家具造型

西汉中后期，出现了越来越多的大地主。这些地主豪强势力崛起，操纵了中央和地方政府。这些地主建立起一个个以农业为主要活动，同时从事手工业和贸易的自给自足的独立王国。地主豪强对农民和工人进行残酷的剥削，建造豪华的住宅，过着骄奢淫逸的生活，并且梦想死后升天，继续过生前的奢华生活。因此，到了东汉，贵族的厚葬之风愈发盛行，今天所挖掘的东汉后期的各种砖石墓、祠堂、石阙十分丰富。被挖掘的墓葬中有大量的壁画，这些壁画主要描绘各种历史人物和神话故事，或者反映墓主人生前的奢华生活以及对死后世界的想象。此外，还有以各种手法雕刻的“画像石”和“画像砖”，所有这些绘画中，经常出现当时人们所使用的家具。从中我们可以看出汉代家具的品种和生产水平。此外，富人贵族在其一生中，往往不惜花费巨资制作各种生活用具和丧葬用具，包括家具用品等。

这些陈设有的是实用的家具，有的是用作模型展示的明器，明器是用来为死者随葬的物品。大部分家具模型物品都是对现实中物品的模拟，只是在细节上较为简略，但也反映了当时的家具生产技术水平。

考古发掘表明，在内蒙古、河南、河北、山东、陕西、湖南、四川等地的东汉墓葬中，发现了大量描绘主人宅邸的石像、砖瓦、壁画和各种用陶制成的城堡，阁楼模型、各种模型的家禽、各种模型的家具，是汉代厚重的墓葬风格和主人豪宅经济的缩影。

（1）功能区分更细的坐、卧类家具

从汉代大量的壁画、画像砖、画像石中可以看出，坐卧家具的功能区分更为精细，家具的类型与先秦家具相比，更加丰富齐全。例如，汉代的独坐板枰是一种小型坐具。前面板为方形，四面无棱，四足为矩形。

席在汉代仍是重要的坐具。马王堆汉墓出土了很多的席，这些席子制作工艺十分高超，装饰十分精致。

河南省密县打虎亭的两座东汉墓葬，1 号墓中发现大量雕刻精美的石像，2 号墓中有丰富的彩绘壁画，这些石刻和壁画中描绘了汉代贵族的生活场面，画中就描绘有大量席子，这些席子制作精美，可以用来坐卧，也可以用来摆放餐具和其他器具。

图 1-3-7　密县打虎亭东汉墓壁画

（2）变化多端的几、案类家具

汉代的家具比先秦时期有了更大的发展，同一种家具会有很多形式。例如，汉代几的类型就很丰富，如活动式、多层式、卷耳式等，甚至出现了桌子的原型。脚型的变化也越来越多，有栅形直脚、栅形弯脚、单脚。到了汉代，用来倚靠的凭几仍然在使用。例如，河北满城 1 号汉墓出土了一个使用凭几的小玉人，高 5.4 厘米。

图 1-3-8　河北满城 1 号汉墓凭几而坐的小玉人

案在汉代也发展出了很多样式，形状各异，有四足叠案、四足牛形案、圆形案等。例如，云南江川汉墓出土的四足虎牛形盒，是一种用来祭祀的家具。案的主体由一头牛构成，牛背是案面，呈椭圆形盘状。牛的四足是案腿。前蹄和后蹄上铸有小牛。牛的整个身体前倾，结实而稳定，牛角向前，颈部肌肉丰满。一只老虎扑在牛的尾巴上，构成平衡的形态，案的造型十分有创意。

图 1-3-9　云南江川汉墓出土四足虎牛形案

席地而坐在汉代是主要的坐卧方式，高坐的方式还不流行，但有学者认为，在汉代，桌子的主要形态已经确立。

河南灵宝张湾2号东汉墓出土的青釉陶桌可以视为桌子的原型，四川彭县出土的汉画像砖上也有桌的形象。这张桌腿间没有枨，但与敦煌莫高窟85窟唐代壁画中的方桌外形看起来很像，已经与现代桌子的形象十分相似。

图1-3-10　汉代四川彭县出土的汉画像砖

（二）分工细密、兴旺发达的汉代漆木家具

汉代家具的代表作是彩绘木制家具，也有少量的青铜家具。青铜家具到了汉代已经基本退出历史舞台，同时，这一时期出现了很多陶瓷家具。汉代出土的家具一般都有彩绘装饰。汉代漆器在继承战国漆器工艺的基础上迎来了又一个黄金时代。

漆器是汉代家具中的代表性家具类型，制作十分精美，工艺精良，很多出土的汉代漆器都是十分珍贵的艺术品。从挖掘情况来看，漆木家具在汉代是贵族生活中十分常见的用品。汉代漆器的特点是耐用、轻便、美观，因而在当时越来越普及。

有一个成语典故“举案齐眉”，反映了汉代的家具形态。“举案齐眉”的故事讲的是，东汉梁鸿的妻子在给丈夫端饭菜时，总是把放饭菜的案高高举起，超过眉毛，以表示对丈夫的尊重，这个成语后来用来形容夫妻之间和谐的关系。这个故事这也说明汉代的家具并不大，也比较轻。因此，人们可以很轻易方便地将食物放在托盘上，并且举过眉毛。由此可见，漆木家具的使用是极为普遍的。木制家具的优点是青铜家具无法比拟的，因此被更广泛地使用。贵族们为了满足生活的奢华与审美的需求，不惜在漆器家具的制作上耗费大量人力和财力。

汉代漆器工艺的繁荣，使汉代家具快速发展。据有关文献记载，汉代漆器制作工艺十分严谨细腻，工艺复杂，并且装饰十分华丽。

汉墓出土的家具充分证明了这一点。例如，马王堆汉墓出土的漆器家具都是经过反复打磨和漆饰，直到今天仍然显得光彩夺目。从考古发掘的材料中可以看到，当时漆匠的分工十分详细。有素工、髹工、画工、上工、涓工、铜镶黄涂工、铜耳黄涂工、清工、造工、漆工、供工等。湖南有长沙汉墓和江陵凤凰山出土的漆器，湖北有“成市草”“成市饱”等铭文，表明是成都市政府漆器作坊制造的，说明当时官方已经形成对漆器制作的管理。

（三）杰出的家具装饰

汉代家具对战国时期家具的工艺与装饰方法都有一定的继承。髹漆家具的主要装饰方法是彩绘，所用的颜料有的调油，有的调漆，这种方法可以使家具色彩更加绚丽，更加耐用。调制油漆可以使漆器家具更加丰富多彩。马王堆汉墓出土的油画漆几为黑色漆面，绘有红、灰绿色的油画云纹。汉代家具还发现了一种叠漆的方法，用类似的喷枪挤压漆液，形成带有线条的装饰图案。

除了彩绘、针刻、金铜扣外，汉代家具的装饰手法有了很多新的发展和创造，当时的人们还在家具上镶嵌大量各种颜色的玛瑙、玳瑁、云母等装饰物，有的还贴金箔、镀金铜饰（泡铜、柿基铜饰、铜马脚、覆铜角）显示出汉代手工业的高超工艺，这些技艺和手段使家具显得更加奢华。例如，河北定县 43 号汉墓出土的双层雕花玉屏，是一件十分精美的屏风，有很强的装饰功能。屏风由 4 块玉片构成。以透雕的手法，雕刻着西王母与玉女、凤鸟、九尾狐、三足乌等，下片为东王公与侍者、熊、玄武等。雕刻技术十分精湛，人物和动物都栩栩如生，体现了汉代工艺的复杂。总之，汉代家具大量使用金属、玉石、玳瑁、玛瑙等材料，大大提高了家具的装饰性。

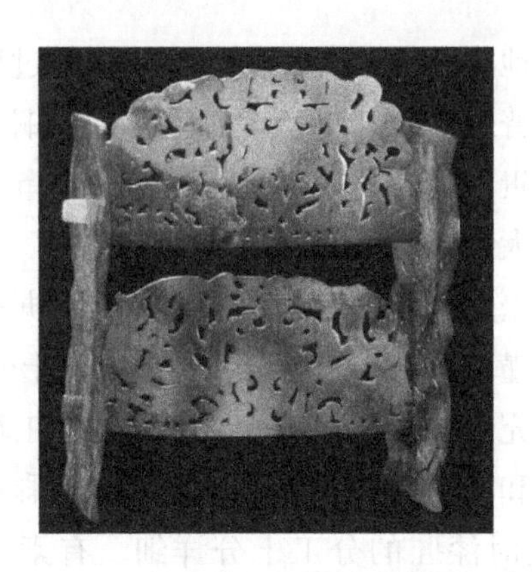

图 1-3-11　河北定县汉墓双层雕镂玉座屏

汉代家具的装饰风格同样很有特色。最具有代表性的家具纹饰是云纹。现在能看到的各类云纹有十几种，这些云纹刚柔相济，优雅流畅，韵味十足，非常有动感，在云气环绕中，有飞龙在其中飞舞，营造一个神奇的天外世界。其次，各种动物纹样也很常见，其中以各类凤鸟纹最为常见。例如，马王堆汉墓出土的漆几、漆案以及其他家具中，就经常使用变形的凤鸟纹和云纹。此外，各种表现人类世界和贵族日常生活内容的人物画题材也很常见。汉代崇尚儒家思想，信奉“三纲五常”“忠孝仁义”的伦理道德。除了传统的歌舞、游玩、狩猎等内容外，还增加了宣扬儒家思想的内容，例如弘扬孝道、仁义的各种故事，表现圣王、贤士等故事题材。

图 1-3-12　西汉云纹漆案

杰出的汉代家具装饰与汉代家具工艺制作是那样的协调和默契，透过杰出的家具装饰，使人可以看到辉煌灿烂的大汉遗风。

（四）汉代家具与先秦家具的比较

汉代文化整体上仍然受战国影响，尤其是西汉漆木家具和楚式家具的风格，有着明显的继承关系。汉代家具与战国家具相比，在功能上有很多的区别。通过功能的对比，可以帮助人们鉴别汉代与战国家具。与先秦楚式家具相比，汉代家具在功能上，礼器的作用越来越少。例如，先秦时期俎是一种礼器，在汉代，俎主要是一种用来切肉的厨房用品。

家具的功能和形态反映了一个时代的生活方式、社会背景和审美观念。此外，在家具的使用中我们还可以看到一个时代等级制度、思想观念、权力结构和物质条件。春秋战国家具，尤其是楚式家具，其装饰充满了各式浮云、鬼怪，以及奇幻的天外世界的主题。可见，当时的人们对鬼神充满了崇拜，并且追求人死后超越现世世界、灵魂升天的巫术思想。

汉朝建立以后，特别到了汉武帝时代，统治者确立了独尊儒术的策略，由此开启了儒家思想在中国2000多年的统治地位。儒家思想不仅确立了中华民族伦理道德的基本框架和基本内容，而且为中国的封建文化确立了基本的内涵。统治者大力提倡“三纲五常”的伦理秩序，推崇忠孝的道德。在这种背景下，汉代许多的艺术品都反映了儒家的孝道观念。

与先秦出世、引魂上天的思想不同，汉代家具中的装饰所表现的是一种世俗的、功利的思想。这些特点在汉代出土的各种家具、艺术品和雕刻、壁画中都能体现。

第四节　魏晋南北朝家具

一、社会背景

三国两晋南北朝时期自220年曹丕建立魏国始至581年隋文帝统一全国止，共计300多年。它在中国历史上是一个长期混战的时代。

这个历史时期与其他历史时期最大的不同在于，分裂和战争的时间比统一和稳定的时间要长得多。混乱割据的局面使贵族成为历史的主流，使得国家经济发展不平衡。由于战争频繁，政权更迭，民族被迫迁移，民族融合成为这一时期的第二个特征。由于社会动荡，民族矛盾和阶级矛盾呈现复杂的局面。人民生活因战乱而处于极其不稳定的状态，为宗教盛行提供了客观条件。在统治者的保护下，佛教蓬勃发展，佛教与玄学相互融合，相互渗透。佛教是在这一时期完成其中国化进程的外来宗教。当时，道教也用佛经来丰富其理论。可以说，各教派在这一时期的中国宗教史上都发挥了重要作用。在这个动乱和民族融合的时期，社会经济还有一定的进步，手工业也有一定的发展。早在三国时期就有独立记载的“百工”户，允许工匠在一定范围内进行自己的手工艺操作，摆脱旧的个人依赖，从而促进手工艺的发展。这一时期科学文化的长足发展，为晚唐文化的辉煌创造了条件，在中国文化史上具有重要意义。由于上述各种历史环境，在这一时期创造了一种新的家具制作风格。

二、家具制作工艺孕育着新的风格

在社会变革的同时，这一时期的家具制作过程通常处于一种新风格的孕育期。从当时的文化语境看，一方面，魏晋南北朝三百年来长期处于割据状态，战乱频繁，政权更迭。统一的局面被打破，各地摆脱了中央统治的约束。在这个复杂的历史语境下，此时的文化思想领域相对自由开放，汉代所崇尚的儒家思想统治地位开始瓦解。在文化心理上，文人们更多的是关心生活哲学的主题；意识形态领域出现了新的思潮。竹林七贤的潇洒、放荡、大度，体现了魏晋时期的风潮。

另一方面，在这一时期，由于佛教的兴起和外来文化的影响，佛教寺庙、石窟和壁画大量涌现。在这个动荡的社会中，人们总是希望能得到宗教的庇护，在宗教中寻求心灵的寄托。因此，儒家的伦理道德、道家的长生不老、佛教的轮回说开始融合。这一时期的文人们寄情于山水，在艺术中解放思想。由于频繁的战争，民族被迫迁徙，催生了前所未有的民族融合进程，魏晋时期成为中国历史上汉族与北方少数民族融合的历史时期。频繁的民族融合对汉代以来的传统生活习俗和礼教产生了巨大的冲击，不符合传统礼教的“虏俗”开始在中原流行。这些都为新式家具的出现创造了条件，使家具制作有了一个新的孵化期。

一个时代的家具的工艺与风格的发展演变，都与当时的政治、经济和文化有很大的关系，也反映了当时的风俗和生活习惯。在中国古代，人们的生活方式是从低坐逐步过渡到高坐的。我国古代家具的演变就是沿着这样的轨迹发展的。三国两晋南北朝时期人们坐在地上的生活方式没有改变，但是已经出现了高型家具。这主要是由于西北少数民族的影响，为中原带来了高型家具。这些家具与中原传统家具的融合，导致了中原地区出现越来越高的家具，如低矮的椅子、低矮的方凳、低矮的圆凳等。床的使用更加普遍，并有了床罩和床帐。可以说，到了魏晋时期，中国人传统的席地而坐已经不再是唯一的起居方式，但当时高型家具和垂足而坐的习惯主要出现在贵族和地位较高的僧侣中。

此外，这一时期由于佛教文化的影响，家具的装饰往往体现出浓厚的宗教色彩，家具装饰中出现了反映佛教文化的新主题。这一时期的家具制作工艺继承了秦汉时期的优良家具制作传统，同时借鉴了外来佛教的文化形式，吸收了各民族的文化特长，形成了一种清新、优雅、脱俗的风格，许多家具的造型和装饰为后来的隋唐家具打下基础。

但是，由于这一时期已经不再像汉代风俗，热衷于追求厚葬，因此，这一时期出土家具较少。我们只能在零星的文献资料、考古挖掘和洞穴壁画中描绘的陈设里找到研究资源。

（一）漆木家具新工艺

由于战乱，魏晋南北朝时期的家具生产一度衰落，再加上当时瓷器开始成为生活用品，因此当时的漆器制作已经不像汉代那么兴盛。但是，漆器工艺仍有所进步，漆器无论是在种类上还是装饰上都比汉代更为丰富。就家具品种而言，可以在文献中找到相关的信息，《东宫旧事》中出现了漆食厨、漆食架等家具，是过去少见的家具，《邺中记》记载的御几“悉漆雕画，皆为五色花也”。

这一时期家具装饰工艺出现了一种新的装饰法，被称为绿沉漆。这种方法是将颜色较深的绿色髹漆作为底色，家具外观总体上呈现深绿色，与过去漆器家具以红黑色为主的风格不同。

1. 新风格的漆屏风

魏晋时期的出土漆器十分少见，可供人们研究的实物与图像都十分珍贵。1966 年在山西大同北魏早期官僚司马金龙墓出土了 5 块屏风，每块为 80 厘米×20 厘米，可以看出这一时期漆屏风家具的高度有所增加。木板两面均有画，画面内容十分丰富。主要表现古代的帝王、贵族、名臣以及才子、孝女之类的故事。屏风使用榫卯结构，板面是红色，文字部分是黄色底，墨书黑字，用黑色线条描绘人物轮廓，用黄、白、青绿、橙红等颜色填充人物与家具，整个屏风色彩十分丰富，与汉代漆器的单色填充不同，表现出一定的进步，线条也与汉代绘画飘逸流畅的风格不同，采用了类似于铁线描的手法。这些漆器屏风在色彩、构图以及工艺等方面，反映了当时的时代风格，与同时代其他工艺作品有很多相近之处，体现了魏晋时期家具制作的面貌。

图 1-4-1　山西大同北魏司马金龙墓出土的木板漆画屏风

2. 奇特的三足鼎立、曲木抱腰的凭几

凭几是一种我国古代独特的家具，并且被使用了很长时间，三国两晋南北朝时期，凭几仍然十分常见，与古代的几大致相同，较为低矮，只是造型变得更加丰富。三足凭几是这一时期新出现的一个类型，它的特点是“三足鼎立、曲木抱腰”。宋程大昌《演繁露》卷 2 引《语林》云“孙冯

翊往见任元褒，门吏凭几见之。孙请任推此吏。吏曰：‘得罚体痛，以横木扶持，非凭几也。’孙曰：‘直木横施，植其两足，便为凭几。何必狐鹄蟠膝，曲木抱腰。’”此外《三国志》《晋书》《梁书》等文献记载当时的凭几中有“曲木抱腰”形制。对此，明代《遵生八笺·起居安乐笺》解释：“以怪树天生屈曲。若环带之半者，为之。有横生三丫作足为奇，否则装足作几，置之榻上，倚手顿颡可卧。《书》云‘隐几而卧’者，此也。”

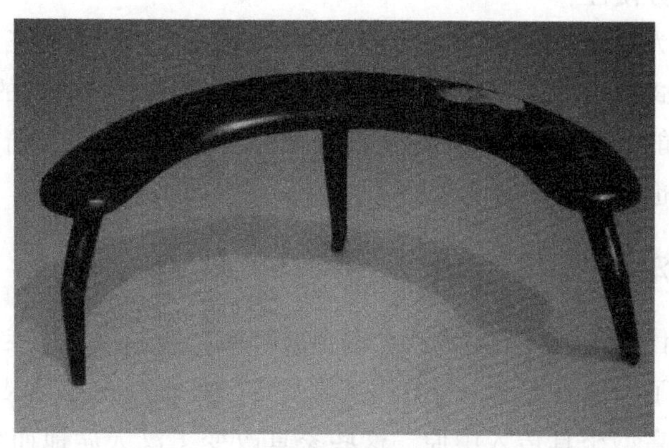

图 1-4-2　安徽马鞍山市三国吴朱然墓出土黑漆凭几

图 1-4-3　南京象山东晋墓出土三足陶几

这种“曲木抱腰”的凭几造型应该是起源于楚式凭几。在江陵马山 1 号墓和长沙楚墓等楚墓中曾经出土过一种凭几，在出土报告中被称为“木辟邪”，用树雕成虎头，龙身，圆竹节状四足。蔡季襄先生《晚周缯书考》称其为“木寓龙”。这种漆器的前面的两腿刚好在人身体的右侧，两后腿靠近人身体的左侧，长69.5厘米、中间高31.5厘米，整体造型是一个半弧形，显得优雅美观，这种弯曲的造型，适合人们席地而坐时用来凭靠。而几的弧度较大，其重心会有所偏移，因此，在几面突出的一方，加上足作为支撑，这种造型很好地利用了木材本身的形态，而且增加了几的稳定性和使用的方便性。

人们认为这种几就是魏晋南北朝时期三足凭几的雏形。三足凭几的设计理念与楚式多足凭几有很大的关系。而到魏晋南北朝时期的三足凭几，在造型和功能上更加完美，三足支撑几面会更稳固，更利于倚靠，造型也更加简洁，也就形成了所谓三足鼎立、曲木抱腰的特点。

（二）渐高家具露新风

魏晋时代是我国历史上民族大融合的时期，许多西北民族大量迁入中原，并带来了异域的文化，其中就包括家具。西北民族将胡床、椅子、方凳、圆凳等高型坐具传入中原，这些家具改变了汉人席地而坐的生活习惯，进一步促进了传统家具形态的转变，使得中国古代家具开始呈现低矮型家具与高型家具混合使用的状况，这一时期汉人所使用的坐具和卧具开始逐渐变高。

“胡床”并不是今天人们所理解的床，而是一种坐具。早在东汉后期，中原汉民族就已经开始吸收一些少数民族文化。到了三国两晋南北朝时期，战乱频繁，五胡入主中原，曾建立起许多大大小小的政权，使得中国迎来了一个民族融合的时代。少数民族的语言文化与风俗习惯对中原汉族产生了很多的影响，在家具方面，北方少数民族所使用的“胡床”，就是一个典型的例子。

胡床是游牧民族所使用的器具，它可以折叠，携带十分方便，能够适应人们的游牧生活。少数民族在野外旅行、作战时经常携带胡床。因为最初使用这种家具的是古代北方少数民族，古代中原人称他们为胡人，因此这种床被称为“胡床”。

从文献资料来看，胡床的使用据传始于东汉末年，但并没有实物出土。在一些考古挖掘中可以看到一些关于胡床的形象，使我们对当时的胡床有大概的认识。敦煌257窟北魏壁画上的画像中，有目前考古发现较早的胡床形象，画中有一人双腿垂地坐在胡床上，另一人翘腿坐在胡床上，从画面中可以看出，早期胡床的造型是一种矮凳，结构为交叉折叠式，胡床的两足前后交叉，两足的交叉点做成轴，使胡床能够折叠，在上横梁穿绳，就可以坐在上面。

胡床因为使用较为方便、重量轻，因此，很快受到人们的欢迎，在社会各阶层流行开来，但早期的胡床只是一种临时性的随身携带的坐具，并不是正式的家具，不能替代坐具的功能。

魏晋南北朝以后，由于生产技术的进步，加上北方少数民族的影响，房屋不断增高。室内空间的增加，使得家具也开始发生变化，家具的高度也相应增高。

晋代画家顾恺之的《女史箴图》中所画的床，可以看出其高度显然已经高于战国、秦汉时期的木床。床的装饰也更加复杂，床周围有可移动的矮屏，上面搭着床帐，床前放着长凳，可供置放鞋子，也可以供人坐。尽管当时人们席地而坐的习俗未变，这种床已经可以供人垂足而坐。

顾恺之的《洛神赋图卷》中出现了箱形结构式榻。这种箱形结构来源于商周时期青铜禁的结构，是中国古代家具的主要构架形式之一，从画中可以看出榻的高度也增加了。

图1-4-4　晋代顾恺之《女史箴图》中所画的床

图 1-4-5　《洛神赋图卷》中的榻

(三) 低矮家具仍为主导

尽管魏晋时期已经出现了较高的床，但当时社会的主要习俗仍然是席地而坐。因此，各种低型家具仍然占主导地位，席仍然被大量使用，不但室内铺席，室外活动也需要带席子。

从南京西善桥南朝墓室南北两壁中部砖印壁画《高逸图》中，我们可以看到竹林七贤就坐于大树下的茵席之上。从画像砖我们还可看出，这时期所流行的是以竹林七贤为代表的清谈之风，知识分子们崇尚老庄、蔑视礼教，常常在郊外饮酒、弹琴、作诗，谈论玄学，成为一个时代的象征。

图 1-4-6　南京南朝墓室砖印壁画《竹林七贤》

20 世纪 50 年代湖南长沙 21 号晋墓出土了双人对坐书写俑，书写俑仍为跽坐，两人之间置一长方形矮足案，几案放置长方形箱。

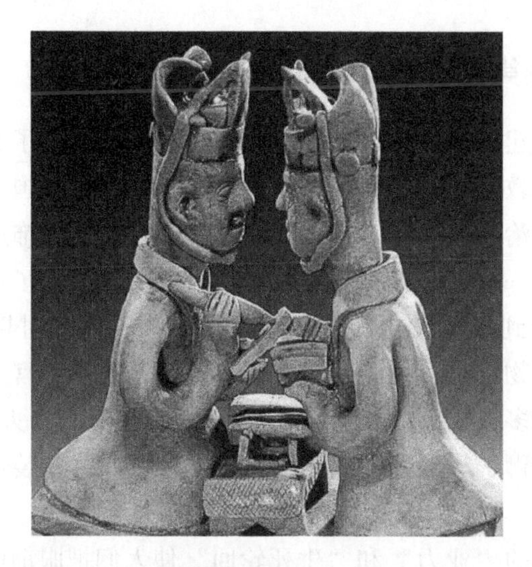

图 1-4-7　湖南长沙晋墓出土双人对坐书写俑

魏晋时期的床榻样式增多，有独生式、双人式、箱形式、带架屏榻式等，而且装饰更加复杂，足间花牙和壶门装饰不断出现在床榻之上。例如，新疆博物馆馆藏东晋壁画（317 年—420 年）墓主人生活图，图中描绘墓主人跪坐于一床榻之上，但榻上有立柱作为支撑，榻的上面有华盖和帐幔，上面装饰着坠饰，显得十分华丽。

图 1-4-8　新疆博物馆馆藏东晋壁画墓主人生活图

(四) 婉雅隽秀的家具装饰风格

魏晋时期封建经济发展以及政治局势的转变，引发了文化的变革。这一时期，印度佛教在中国开始广泛传播，佛教思想对中国文化产生了深刻影响，并受到统治者的欢迎。因此，魏晋时期的家具装饰风格也表现出一定的宗教色彩，一些家具有了宗教人物和宗教主题。除了佛教元素，家具工艺和风格还受到异域文化和外来形式的影响。这一时期的家具装饰题材，有传统的动物题材，如龙、凤、虎、四神、云彩、宫宴场景等。并且新的题材逐渐增多，成为时代特征的象征，如金银花、火焰纹、莲花纹、卷草纹、飞天、狮子等，也成为常见的装饰内容，这些装饰都与佛教文化有关。

佛教所宣扬的“业力”和“生死轮回”使人们把眼前的痛苦放在未来的幸福上。那个时代最有代表性的是莲花纹。自东晋、北魏以来，流行以莲花为装饰，并结合佛教的寓意，达到了顶峰。例如，河南龙门石窟莲花洞中菩萨所在的圆鼓形墩，其他洞窟中同时发现的一些菩萨墩，以莲花纹为主，也有扭曲的金银花图案。说明装饰家具的主题已经打破了升仙和鸟兽的传统。装饰的内容已经从关注动物图案转变为关注植物。这一时期，壸门在家具结构件上的装饰特别发达，如上所述，这种源于商周青铜石腿形状的装饰被用作辅助构件的纹饰。它具有中国文化深厚的情感结构。它的原始形式可能是当佛教传播并成为主导意识形态时，来自不同文化的一些因素（如洞穴券、基座等）必须在家具的语境中产生重要的影响，这些内在的自然因素和这些外在的因素，在工匠们潜移默化的传承下，融合成一种独特的装饰。中国美学心理结构中情与理的结合……表现在案状结构中的壸门的装饰，凝聚在高级家具腿的轮廓线上，是后世站立腿变异的雏形。为适应新主题、新风格的需求，这些装饰主要以飘逸流畅的线条表现，多为立体效果的浅浮雕，具有精致典雅的艺术特色。描述这一时期的装饰图案最为恰当的是南齐谢赫的“六法”说，优雅大方的家具装饰风格仍然让我们印象深刻。

第二章　中国传统家具艺术的发展期——隋唐五代家具

隋唐五代时期，中国的家具工艺进入新的发展阶段，唐代家具的风格体现出大唐气象。唐代建筑工艺进一步发展，室内空间进一步变大，室内家具陈设也变得更加高大。

唐代空前的民族大融合促进了中外文化交流，异域文明对唐朝家具产生了很多影响。此外，隋唐五代时期是古代中国人从低坐向高坐的过渡阶段，此时的中国家具处在一个高低型家具共用的时期。

第一节　隋唐家具发展的背景

一、社会背景

唐朝是整个中国封建时代的青壮年时期，唐代的文化是中国人的自豪，唐代是一个充满自信、激情并且锐意进取的时代。唐代疆域广阔，国力强盛，“贞观之治”和“开元盛世”是中国历史上著名的盛世，在政治、经济、文化方面都处于中国历史上的鼎盛期，唐朝对待周边国家采取开放包容的态度，并将自身的影响力扩大到很大的范围，促进了中华文明的传播。

从经济上看，江南六朝经历了数百年的发展，已经成为经济十分发达的富庶地区，其经济地位已经开始有超过北方的趋势。隋唐政权起于北方，唐朝将相互分裂的长江流域和黄河流域相统一，大大促进了各地的交流，使全社会经济进入平稳发展的时期。唐朝的大一统使中国的封建经济获得了空前的发展。经济的发达，使唐朝的国力大为提高。

在政治上，唐代处于中国封建制度的重要转折期。唐代继承了南北朝、隋代的制度，在此基础上进行了一系列的改革。在中央政权结构上实行三省六部制，这一制度进一步巩固了中央集权，在权力分配和部门制约方面设计更为合理。在租税制度上，由租庸调制向两税法的转变，结束了过去按户征税、缴纳田租和服劳役的历史，开启了单一税收制度的历史。在选拔人才方面，继续推行和完善科举制度，使得士人和知识分子有更多参政的机会。由于隋末战争，固化的社会阶层关系已经受到巨大冲击，经过高宗、武后时期完善科举、拓宽人才选拔的举措，旧有的贵族走向落寞，平民出身的人有了更多跨越阶层的通道，进一步缓和了社会矛盾，也有利于政治的发展。在民族政策上，唐朝对各民族采取恩威并施的策略，使各民族的经济和文化交流更加频繁，出现了经济、文化交融互渗、共同发展，以和平为发展主流的民族关系。各民族的交流和融合，使唐朝表现出空前包容、自信的特质。

唐代文化的兼容并包，为唐代的家具制作带来新的特点。唐代家具制作以开放包容的态度吸收了各种少数民族和异域风格，各种域外进口的新奇物品和器具也丰富了社会各阶层的日常生活，家具进一步向高型发展，逐渐改变中国人席地而坐的生活方式。唐代的家具生产一方面将传统古典风格演绎到极致，另一方面则吸收了来自国外的家具风格及相关艺术门类。家具品种变得愈加丰富，既展现了传统家具结构的特点，又满足了新生活方式的需求。唐代的家具工艺为宋代家具制作奠定了良好的基础。

二、发展背景

任何时代的家具都是从前一个时代的技术、艺术和社会形态中发展演变出来的，其自身的发展又为后一个时代的家具生产奠定了基础。在南北朝时期，中原地区战乱不断。除了各种政治力量的冲突，还有文化的冲击和融合。北方民族与汉族的融合，对中原地区的生活方式和文化有着很大的冲击。在家具方面，它促进了家具由低型向高型的转变。到了唐代，家具形态进一步转变，艺术风格也更加多样化。唐朝是中国封建社会历史上最强大的时期之一，农业和手工业非常发达。海上贸易和丝绸之路的开通，极大地拓展了唐朝的对外交流。当时，唐朝与日本、印度、波斯和欧洲的贸易往来频繁，大量外国人进入唐朝从事贸易活动。

开放、包容的格局使不同国家和民族的文化在唐朝融合和碰撞，大大促进了唐代文化的发展，唐代的家具制作也受到了多种异域文化的影响。这一时期，家具的种类越来越齐全，功能越来越细，凳子、扶手椅、床、围屏等家具被广泛使用。唐代家具用料也更丰富，家具工艺较过去也有了很大的提高。家具的装饰技艺更加精湛，装饰材料也越来越丰富，为后世家具的发展特别是明代家具奠定了基础。

唐代是我国艺术发展的黄金时期，家具制造的工艺水平也迎来了快速发展的时期。唐代的家具和装饰有着唐代大气磅礴的风格。唐代手工业的发达，促进了家具工艺的进步，也使唐代家具装饰艺术更加复杂。唐代的家具造型十分圆润，与当时整个社会的审美相符合。在整体风格上，唐代家具不再像先秦时期那样庄重，也不像汉代那样朴素，而是变得富丽堂皇。

在起居方式上，唐代完成了从席地而坐到垂足而坐的过渡，家具的发展首先完成了由低型变为高型的过程。以桌椅为代表的新型家具逐渐取代了席的中心位置。结果，桌子和椅子开始以高腿的形式发展，椅子的靠背充当了凭几的功能。唐代家具是随着当时人们生活方式的改变而发展的。家具造型的改变同时改变了人们的生活方式。

第二节　隋唐五代家具的分类

一、坐具

坐卧家具是人们日常生活中最常使用的家具。中国古代最早的坐具是席，早在新石器时代中晚期，我们的祖先就已经学会了非常成熟的席类编织工艺。随着历史的发展，床和榻逐渐进入中国人的生活，在很长一段历史时期，席、床和榻在中国人的生活中是混合使用的。早期的家具主要是为了适应人们低坐的生活方式。而椅、凳、墩都属于高型家具，是为了适应人们垂足而坐的方式，这些家具的使用改变了中国人的坐姿和生活习惯。椅、凳最初是由一些西北少数民族和佛教僧侣传入中原的。

（一）高型坐具

1. 胡床

胡床，又称交椅、交床、交机、马扎等，是一种可折叠的坐具，胡床的主要特点是足的交叉，它有轻便、易携带的特点。宋张端义《贵耳集》中载："今之木交椅，古之胡床也。""胡"字表明，这种家具不属于中原地区的产物，它是由域外传入中原的。而这里的床也并不是一般意义上的"床"，中原人用熟悉的词"床"来称呼这种家具。

胡床是一种高型家具，胡床的使用带来了垂足而坐的习惯，对古代中国高型家具的演变有一定的影响。到了唐代，高型家具的类型变得更加丰富。在胡床的影响下，坐具的面相对于榻来说，一般较小，更适合于高坐。

2. 椅子

椅，一般指的是一种有靠背的坐具，有些还有扶手。椅子一般是木制或竹制的。中国古代很长一段时间内并没有椅子，而汉字"椅"最初指的并不是我们今天所指的椅子。

在唐代的壁画和传世绘画中，可以看出，唐代不同椅子有着不同的使用者。按照用途，唐代椅子大致可以分为两类，禅僧座椅和在日常生活中所坐的椅子。

莫高窟内103窟的《维摩诘经变·弟子品》中舍利弗坐于禅椅之上，此椅由方木制成，四腿向上出头，靠背处有两根横枨，座面离地面极近，高度约为画面人物的脚高。扶手距离座面较高，占整椅高度的一半。说明在初唐时期椅子的形制仍延续前代的风格，并无太大的变化。

中唐以后，高型家具越来越普及，高型家具已经不限于贵族使用，在各阶层和一般平民的生活中也开始出现大量的高型家具。

唐代出现了圈椅这种新型坐具。图2-2-1是唐代画家周昉《挥扇仕女图》中的圈椅。图中的一个片段描绘的是贵族妇女坐在椅子上纳凉的场景。画中一位贵妇手拿团扇，所坐的圈椅装饰十分华丽。圈椅的搭脑为圈式，靠背和扶手是连为一体的流畅曲线。圈椅的雕饰十分精美，两腿之间装饰彩穗，这幅画中的家具颇能反映唐代宫廷贵族使用家具的情况，向后人揭示了高型坐具在唐代宫廷中已经十分常见。

图 2-2-1　唐代周昉《挥扇仕女图》中的圈椅

从传世画作和其他材料中可以看出，唐代家具装饰较过去大为丰富，种类也更多。到了唐代后期，椅子使用已非常普遍，样式也越来越多，从目前的材料可知，唐代已有直搭脑扶手靠背椅、曲搭脑扶手靠背椅、直搭脑无扶手靠背椅、曲搭脑无扶手靠背椅和圆搭脑圈椅等多种形式。虽然唐代的椅子在具体的形式上并没有统一的样式，扶手有上下出头也有前后出头，甚至有的有扶手有的无扶手。但总的说来，这些椅子已经具备了后世椅子基本的要素。

（二）传统坐具的演变

随着垂足高坐的逐渐流行，榻的形态也开始发生变化，以壶门式为代表的传统坐具也在随着人们坐卧习惯的变化而改变。一些在壶门榻的基础上演变出的新型高坐坐具类型，使一些传统坐具的形态发生了很大的变化，走上了一个新的发展阶段。由于传统的壶门独坐榻在造型上与大型的坐卧两用壶门床榻在造型上没有根本性差别，本章将独坐榻归入坐卧类家具中一并加以讲述，以下部分集中讲述在魏晋南北朝以前的传统家具造型基础上发展而来的、带有与之一脉相承的造型特征的各种新型坐具。

1. 高座

高座常见于初唐以后的宗教题材壁画等图像资料，壁画中的高座常常有约半人多至一人高，这是一种特殊的壶门式独坐榻。高座是高僧演法、讲经、传戒的专用坐具，高座的使用为讲经说法增加了庄严感，其使用也有着严格的规定。壁画中描绘的场景一般是高僧坐于宽大的壶门坐台上，旁边的僧人和信众站立或坐在周围听高僧说法（图 2-2-2）。

高座可以体现出佛法的尊崇地位，在为最高统治者说法的场合里，也会出现高座。根据《出三藏记集》记载，鸠摩罗什在西域地区受到的礼遇：“西域诸国伏什神俊，咸共崇仰。每至讲说，诸王长跪高座之侧，令什践其膝以登焉。”

图 2-2-2 莫高窟 103 窟盛唐《维摩诘经变》局部

2. **月牙杌子**

月牙杌子是在唐代出现的一种新型家具，月牙杌子又叫月牙凳，目前只能在唐代的资料中看到。月牙杌子的凳面为半圆形，凳面造型略有弯曲，整个凳面形似月牙，因此被称为月牙凳。唐代的历史文献中并没有找到对月牙杌子的记载。但从一些唐代画作中看到，月牙杌子常出现在宫廷贵族的生活场景中。例如，《挥扇仕女图》是目前被认为较为典型的唐代绘画，人们认为该画的制作年代较《簪花仕女图》更早。《挥扇仕女图》中有对唐代宫廷妇女生活的描绘，其中就有月牙杌子，如图 2-2-3 所示，其中所绘的月牙杌子坐面为半圆平面，观众只能看到它的背面，但可推论应为平直或略向内弯。杌子腿部较薄，呈现“L”形，四条腿都向内略弯曲，呈现出一定的弧度。腿足中部略宽，修造出椭圆的花形，脚部呈略小的半圆形落地。

图 2–2–3　《挥扇仕女图》中的月牙杌子

二、卧具

（一）榻

榻，是一种坐具而非卧具。《释名·释床帐》“长狭而卑者曰榻，言其榻然近地也。小者曰独坐，主人无二，独所坐也。”“说榻狭而卑，是和床相对而言的。服虔《通俗文》曰“床三尺五曰榻，八尺曰床”，可见榻的形状要比床小，一般比较矮、窄，专供一人独坐，也有两人坐的，为合榻。榻在西汉后期出现，是汉代最为流行的家具之一。六朝至五代时期的榻，形体比较宽大，为连榻，可在其上宴饮。五代以前的榻大多无围，只有供睡觉的床才多带围子。

唐代的榻延续了两汉时期榻的形制，从唐代敦煌壁画和唐代的绘画看，当时榻有独坐小榻和双人榻两种形制。足有四足也有壸门结构。

四足式榻。盛唐第23窟顶东坡《法华经变·观音普门品》上，在一小屋内放置了一张长方形四足榻，上坐有两人，高度有人物小腿高（见图2-2-4）。榆林窟中唐第25窟北壁《弥勒经变》上，一僧人坐于长方形四腿矮榻之上。

图2-2-4　敦煌23窟盛唐法华经变观音普门品

高台榻是一种很少见的榻，中唐第159窟的中的《随喜功德品》中两位高僧坐于高台型榻上宣讲《法华经》，图中的榻比常见的榻都要高很多，高型榻呈长方形，每面各有两个壶门，足下带托泥，与壶门榻形制大同，在画面中显得十分突出。这种高台榻一般是供高僧使用，多出现于唐代各个时期经变画中，在讲经说法的场景中出现，在世俗场景中不会出现如此高的壶门榻，因此，可以大致判断这种高台榻应该是佛教活动专用的坐具。例如，晚唐第103窟的主室东壁《维摩诘经变》中出现了一对高台型榻，并且十分高大。

图 2-2-5　中唐第 159 窟辗转听法受法华经

（二）床

床是一种卧具。床一般比榻大，既可以用来睡觉，也可以坐。中国古代的床有木制，也有石制。根据文献记载和考古挖掘可知，床在我国古代出现很早，西安半坡遗址中的土台被认为是我国古代床的雏形，考古挖掘中出现的迄今为止最早的床是河南信阳长台关出土的战国早期彩漆木床。但当时的床依然十分少见，床与榻在汉代才开始大量使用，根据一些图像资料，汉代的床是一种主要的坐卧家具，在汉代人日常生活中有很重要的地位，但当时的床榻都比较低。

在唐代，床的造型与榻类似，有四足也有箱型壶门结构，唐代的床在高度和面积上比过去有所增加。莫高窟初唐第 103 窟北壁的《维摩诘经变》中出现了一种壶门结构的床，床足明显比汉代的床有所增高。晚唐第 85 窟窟顶东坡《帷屋对话图》中，描绘着一男一女坐在床上对话的场景，画中的床有壶门，床面显得十分宽阔。

图 2-2-6　晚唐第 85 窟窟顶东坡《帷屋对话图》

四足床在唐代也开始大量出现，形态也发生了变化。有些学者称四足形床为“案形结体”。案形结体床，以日本正仓院所藏的御床为代表，四边攒边，有两个带，四条腿交于带上，床上有吊头，可置于户外。唐代画家张萱的《明皇合乐图》中唐明皇仰卧在一张大床上，床有四足，床脚呈“L”形局脚，以曲线装饰，床面显得十分大。

图 2-2-7　唐代张萱《明皇合乐图》

总而言之，唐代家具既有低矮型家具，也有高型家具，体现了起居方式的过渡。唐代是中国低型家具向高型家具转变的时代，因此，这一时期的床较过去相比有所增高和增大，尤其在唐中期之后，床的高度有了明显增加，一些画作中的床到了人的小腿高度，已经十分接近后世的床，这一时期的床大都在这个高度上下浮动。我们可以从图像上看出，当时的人们在床、榻上有伸足平坐、侧身斜坐、盘足而坐以及垂足等各种姿势。

三、承具

承具，是指用来放置和承托物品的家具。承具的种类非常多，从使用功能来分类，可分为凭靠类承具和置物类承具两个大类。

（一）凭靠类承具

尽管唐代已经产生了大量的高型家具，人们的起居方式也开始逐渐向高坐发展，但当时的人们仍然更喜欢将床榻作为一种坐具。床榻坐卧两用，在人们休闲独处时，坐在床榻上不需要像坐在椅子上那么正式，让人感到更加放松、舒适。使用床榻就需要配套使用一些凭靠类的家具，使生活起居更加方便。唐代常见的凭靠类承具，主要继承汉魏以来人们常用的几种低矮类型，并有所发展和演变。

1. 两足凭几

先秦至两汉流行的凭几式样多为两足，几面或平直，或中部略弯，几面与几腿的连接部分多作“「”形角接合，并向侧面略伸展出圆弧形。南北朝至隋唐时期流行的两足凭几，几面多为平直的窄长横木，几面与腿部作“T”字垂直接合，腿足末端或向两侧展开呈“一”字形落地（图2-2-8），或另承接小托子落地。湖南省博物馆藏有一件长沙楚墓出土的两足凭几，已经与隋唐常见的样式非常接近。

在北齐画家杨子华的名作《北齐校书图》（宋摹本）中，绘制有两件两足凭几，亦为直面直足式样（图2-2-9）。因此直面直足的两足凭几，实际上至少在战国末或西汉初就已经出现，并一直在其后得到延续的应用，隋唐以后则更见流行。

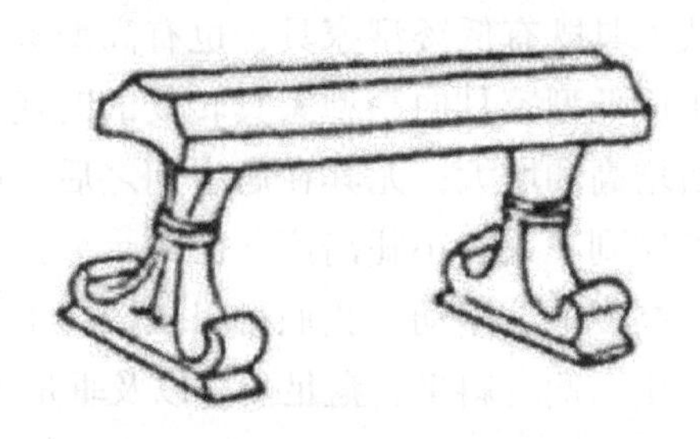

图 2-2-8　河南安阳隋张盛墓出土白瓷两足凭几线描

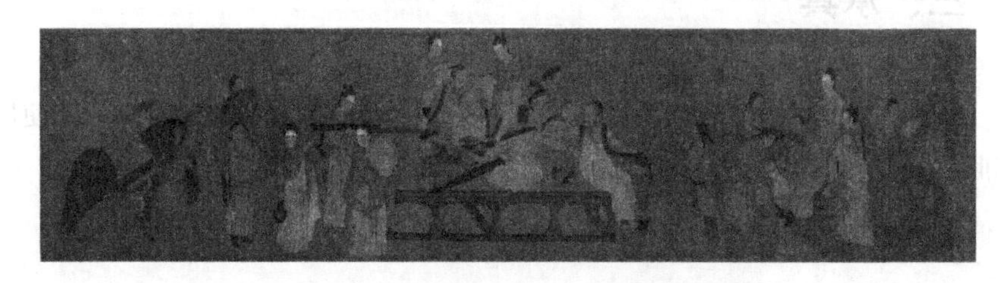

图 2-2-9　北齐杨子华《北齐校书图》

在一些传世画作中，唐代人一般在比较正式的场合使用两足凭几时，一般是盘膝而坐，将凭几放置在人体正面，双臂放在凭几上，姿态显得较为端庄。传为唐代画家阎立本所绘的名作《步辇图》（宋摹本）中的唐太宗，《历代帝王图》（宋摹本）中的陈宣帝，都以这种姿势使用两足凭几，表现出严肃的姿态。这种使用凭几的姿势，一般出现在比较正式的场合，使用者的身份也较为尊贵。而在比较休闲的场合，人们可以将两足凭几放在身侧，姿势较为随意，使用的直足直面的两足凭几，在日本正仓院中还保存有两件实物，著录名称皆为“挟轼”。此外，唐代文献中一种名为“夹膝”的几，被认为是两足凭几在唐代的名称，“夹膝”与“挟轼”所指的应该是同一种家具。

图 2-2-10　唐代 阎立本《步辇图》中的唐太宗

图 2-2-11　《历代帝王图》（宋摹本）中的陈宣帝

当时的人们在使用两足凭几时，是将其放置于身前，膝盖处于凭几的两腿之间，因此古人讲这种家具命名为“夹膝”。除了这个称呼，唐代人有时也将其称为“隐膝”。

2. **三足凭几**

三足凭几是一种曲面的凭几，它是由两足凭几演变而来的，大约在三国魏晋时期开始被使用，安徽马鞍山三国吴朱然墓出土的黑漆几，是保存较为完整的三足凭几，当时的人们将其称为“曲几”。南北朝以后，人们对几的功能有了新需求，人们增加了三足凭几的弯曲度，可以更好地包围人体，同时增加了一足，提高了凭几的使用舒适度和稳定性。进入唐代，宫廷贵族人家使用三足凭几十分普遍，唐高宗时期淮安靖王李寿墓中的线刻画《仕女图》，图中第 8 人手中拿着的就是一具三足凭几（图 2-2-12）。

图 2-2-12　唐李寿墓线刻画《侍女图》中持曲几侍女

从一些图像资料中可以看到，一般情况下人们使用三足凭几的方式，是将其放置在人体的正面，两膝在中间一足的两侧，弯曲的几面包围着人体，可以使人全方位地依靠凭几。有些时候，它也可以被放在身侧或背后，显得比较随意和休闲（图 2-2-13）。在人们以低坐为主的时代，坐具一般没有靠背，而将三足凭几放置在身后，它实际上就相当于座椅靠背的功能，将这种弯曲的结构用在座椅上，就形成了唐代的圈椅。因此我们可以推测，这种将三足凭几放置在身后、身侧的使用方式可以说是一种不太正规的靠背椅的坐卧方式，对后来的中国家具有一定的影响。

图 2-2-13　李公麟《维摩演教图》

（二）养和

养和也是一种，同样是用来倚靠，其功能与三足凭几类似，养和的制作是利用木材天然的弯曲形态所制成的一种曲几。相传这种家具是中唐时期李泌设计的，后来逐渐传播开，被很多人仿制，成为一种象征着文人品味的休闲用具。虽然《新唐书》说它仅用来靠背，但据陆龟蒙诗，养和在晚唐时期的主要使用方式还是前置的，到了北宋时期，人们逐渐将其作为后置的家具。这是因为，宋代椅子已经十分普及，人们的坐姿发生了很大的变化。唐代的绘画中很少能够看到养和的形象，在明代画家杜堇《伏生授经图》中，伏生所倚靠的家具可以被视为一种“养和”（图 2-2-14），其形象有一定的参考价值。

图 2-2-14　明 杜堇《伏生授经图》

四、庋具

庋具，是一种用来存储和收纳物品的家具，唐代的庋具主要可以分为橱柜类、箱盒类两种类型。唐代人的生活习惯中，室内陈设摆放位置并不是固定的，人们会根据不同的礼仪、时节等因素放置不同的陈设，因此，一些平时不用的陈设需要大量的储物空间，在使用后也必须再次放回原处以便下次取用，因此，庋具在唐代的家具中十分常见，有着非常重要的作用。不过，因为庋具一般用来存放物品，不经常出现在日常活动中，所以在一些传世绘画、墓室壁画和石窟壁画中，很少能够看到这种家具。

（一）橱柜

1. 立式柜

立式柜在唐代文献中常被称为“竖柜”，唐代立式柜的形象与我们今天所熟悉的柜的概念比较近似，即正面带有横开门的柜子。

日本正仓院北仓所藏的“红漆文木御橱”是一件十分有代表性的唐代橱柜，这件家具总高 100 厘米，幅宽 83. 7 厘米，深 40. 6 厘米。橱顶为喷面，立面带有上舒下敛的笔直线脚。正面带有用鎏金铜合页与侧板相连接的两扇对开门，门上装有圆环用以上锁。打开橱门，可见内部带有两层隔板。腿部为正面平列两壶门、侧面单壶门的局脚。所有板材角接合的部位，都使用铜条包边，并用錾银铁钉固定。橱子通体赤褐色并带有纹理，并非仅靠髹漆产生的装饰效果，而是利用苏方木提取的紫红染液染涂在器表，再外罩透明漆形成的，木材本身的天然纹理透过染色层和漆层显露出来，带来一种天然和人工结合的独特装饰效果。以苏方木染色的装饰手法，在宋代以后的中国传统家具中很少应用，但在唐代则十分流行。

图 2-2-15　日本正仓院北仓“红漆文木御橱”

2. 卧式柜

卧式柜是一种下部有脚，上部有盖的柜子，如敦煌寺院经济文书《唐咸通十四年（公元 873 年）正月四日沙州某寺交割常住物等点检历》载“小柜子壹，无盖”，显然记载的是一件卧式柜。由于采用垂直的形式开合，要给它上锁，就必须要在柜盖上加装金属附件。唐时箱、柜一类有盖的皮具上用于加锁的构件有二，分别为“象鼻”和“曲钱”，象鼻是盖沿上垂下的金属面叶，因形似象鼻而得名；曲钱则是柜、箱下部口沿上安装的圆环。敦煌寺院经济文书中所著录的柜，常带有小字注解如“象鼻、曲钱并全”，“并象鼻、曲锁”，可知这些柜子均为卧式柜。

1955 年西安市王家坟唐墓出土一具“三彩贴花钱柜”（图 2-2-16），虽为陶制冥器，但较为具体地塑造了唐时木构卧柜的大体样式。柜身为长方形，四足各为两块窄长的板拼合而成，截面为“L”形，虽属框架构造，但仍带有壶门式家具板面结合的构造特征。柜体立板插进四足上部后，通过钉子固定。柜子正面带有两个圆形狮面帖花，应是模仿木柜上的金属饰件。柜顶上开有方形小盖，盖子和柜子正面带有曲钱，以供上锁。柜子的开盖较小，显示出对隐私性和安全性的重视，这可能是考古学者将其定为钱柜的原因。

图 2-2-16　唐三彩贴花钱柜

3. 抽屉柜

正仓院中仓藏有一件“四重漆箱”，总高 38.3，正面宽 52.8，侧深 38.5 厘米。箱身下带有壶门式腿足，从传统的中国家具分类来看，它实际上是一件小柜子。这件藏品非常引人注目，它的柜体上既没有柜门，也不设盖，而是带有四层抽屉。皮具上带有抽屉的制作，在过去家具史的研究中，一般都认为它在北宋中期以后才开始出现。河南方城盐店庄村宋墓曾出土一件三重抽屉的平顶石柜冥器，墓中棺床边出土有一枚宋徽宗时期的崇宁通宝（约 1102 年—1106 年），因此它的时期不早于北宋末年。河南禹县白沙宋墓二号墓出土的墓室壁画，描绘有一具放在桌上的五重抽屉柜，所描述环境为女性所居的内室，该柜可能为收纳化妆品的妆奁，该墓葬的下葬年代与盐店庄村宋墓相近，亦为北宋晚期。当代研究者多认为，白沙宋墓壁画所绘是讫今为止可见的最早带抽屉的家具形象。

唐代家具上带有抽屉，实际上并非没有证据，陕西扶风法门寺地宫出土文物中有一件“鎏金仙人驾鹤纹壸门座茶罗子”，这件盝顶、壶门腿的小型皮具的右侧靠下的位置就带有一只抽屉。不过，尽管唐代家具上显然已经出现了抽屉，而且正仓院藏四重漆箱下部带有壶门式腿足，是唐式家具的明证，但多重抽屉柜是否确实在唐代就出现了，依然有待于相关考古证据的出现，和对四重漆箱的深入科学研究。

图 2-2-17　陕西扶风法门寺“鎏金仙人驾鹤纹壸门座茶罗子”

（二）箱盒

一般来说，大型的箱子被称为“箱”，而小型的既可被称为“箱”，也可以叫作“盒”。箱盒类家具与橱柜类家具的区别在于，平底无脚，上部带有盖子。敦煌地区出土社会经济文献中，柜子的量词是“口”，箱子的量词一般是“合”或“碟”，“合”的叫法大概是因为箱盖与箱体相扣合。用来连缀木构件，使之易于转动开合的金属合页，唐代称之为“角碟”，因此，以“碟”称箱，应是由于箱子上带有合页。

1. 大型的箱子

图像资料所见唐时的大型箱子以矩形为常式，箱盖多为坡顶或盝顶，如敦煌莫高窟第 445 窟盛唐壁画《弥勒经变·七宝图》中的宝物箱，为两面坡式顶，第 186 窟东顶中唐壁画《三门率堵波》中的箱则带有四面坡式平顶，亦即盝顶。日本正仓院所藏的大型箱子，除下部无脚外，盖子的造型与本文前述的“唐柜”一致。这类箱子在《正仓院御物图录》中多称为“楼柜”。此外，大型的箱子亦有异形、平顶的式样。日本正仓院北仓藏有一具“赤漆八角小柜”，因柜下无脚，实为箱子。该八角形箱曾著录于日本延历十二年（793 年）《曝凉使解》及弘仁二年（811 年）《勘物使解》，原为放置天皇礼服御冠的衣冠箱。该八角箱高 49 厘米，盖径 55.5 厘米。箱盖为平顶，无子母口，顶板和底板以整块八边形的板材制成，箱身立壁由八块长方形板拼合为八边形，构造工艺高超。

1957 年于西安东郊出土的唐苏思勖墓墓室壁画《二人抬箱图》中(图 2-2-18)，两名侍者以担具抬一黑色大箱，箱顶亦为盝顶。该墓葬的下葬年代为天宝四年（745 年)，墓主人苏思勖为玄宗时著名内侍，因累有军功，官至银青光禄大夫行内侍省内侍员外。《二人抬箱图》中的箱子配有专门的带足担具，可能是墓主人生前常需出外征战的证据，同实也体现了唐时大型箱具的主要担抬方式。

图 2-2-18 唐代壁画《二人抬箱图》

2. 小型的箱盒

小型的箱盒一般比较精致。箱盒的盖与底通过合页相连、可以上锁的形制，传统习惯多称之为“箱”；盖与底间无合页，盖子因而可以整体移除，不能上锁的形制，则多被称为“盒”，但此分别在现代亦未能一律。唐时小型的箱盒还有数种别名，称“筐”“笥”者，多以竹藤类编制，比较轻便，通常用来收藏文书、衣物、财物等。

图像和实物资料所见的矩形箱盒，多为盝顶造型，下方或带有壶门形底座。法门寺地宫出土的“鎏金盝顶银宝函”(图 2-2-19)，全器为银质，盝顶，银函下部各面带有平列三壶门的底座，且装有象鼻、曲锥、合页，配有银质锁具。同时出土的“檀香木银包角盈顶宝函”(图 2-2-20)，出土时已残，制作宝函的檀香木呈深黑褐色，檀香木宝函的正面装有象鼻、曲锁，背面上下口沿通过两个银质圆环勾连，并以银质圆头铆钉将八个银质婆金花形饰片包镶宝函的边角。木质皮具的边、角位置包镶金属饰件，是明清时期常见的家具工艺，除了装饰外，它还起到加固结构，防撞防磨损的重要作用，据这件檀香木盝顶宝函显示，该工艺在唐代就已较为成熟了。

图 2-2-19　法门寺地宫“鎏金盝顶银宝函”

图 2-2-20　“檀香木银包角盝顶宝函”

矩形箱盒常根据需要置放各类物品，唐代人们还根据所盛放的珍贵物品的形状，制作专门的箱盒，这些箱盒一般都十分珍贵。日本正仓院南仓所藏的一具“银平脱八角镜箱”（图 2-2-21），径宽 36.5 厘米，高 10.5

厘米，这种箱是专门用来盛放一面八菱形铜镜的特制家具，箱子上下口沿带有子母口，背面装有合页连接上下箱体，并在正面两菱瓣的内凹部位装小圆环，用以上锁。箱体涂黑漆，在上面还装饰着银平脱工艺制作的花纹，并在各菱瓣的中心部位平脱凤纹，工艺十分精美。

图 2-2-21　正仓院“银平脱八角镜箱”

五、其他类

（一）屏具

唐代的屏具与其他家具一样，放置地点并不固定，需要根据礼仪和场合的不同而摆放，在当时人们的起居习惯中，屏具一般与床榻、席、几案家具组合使用，是室内陈设的中心。屏具的作用是遮挡、区隔空间、装饰，在绘画中屏风暗示画中人的中心地位，屏具在唐代人们的生活中有着重要的作用。在唐代，屏风、步障和帐具等都属于屏具。

1. 屏风

屏风是一种较硬的屏具，它在室内放置的位置相对比较固定，不常移动，屏风一般被置于坐席、床榻等家具的周围。

落地的屏风中有一种多扇围屏，由多扇屏风组合而成，这种屏风一般没有底座，多扇屏风围起来，可以形成一个半开放的空间，稳定放置在地面上。在绘画中，主人的身后放置一套落地的多扇围屏，形成画面的中心，如莫高窟第 113 窟盛唐壁画《韦提希请佛》中，被软禁在深宫的阿臀世太子之母席地而坐，身后是一架落地多扇屏。

自魏晋南北朝始，屏风不仅可以放置在地面，也可以放置在床榻边缘，无论是壶门式床榻还是直脚床，比较高级的床榻边上会装饰床屏，这些床上屏风既有围合三侧的，也有围合背侧及左右某一侧和仅装于背侧的式样。床榻上安装的屏风，当时除可称之为“床上屏风”外，也可以被称为“短屏风”，这是因为放置在床榻上的屏风相比落地屏风，高度会小一些。

考古发现的唐代墓壁画中，还出现了多扇围屏和单扇立屏同时使用的场景。唐代的屏风放置往往会根据室内环境通常随需要而变更。随着社会的发展，人们根据不同场合的不同需求，发展出不同种类的屏风样式，到了宋代，屏风的形态和工艺已经发展得十分成熟。

2. 行障

“障”起源于室内所使用的帷，而障并不用于室内，早期的障是出行时用来遮挡路人视线的工具，是达官贵人专用的物品。障大约在东汉时出现，到了魏晋南北朝，已经成为贵族和官员出行时必备的工具，这种障被称为“步障”，它因为是在室外使用，所以相比帷幕更长更大，人们用轻便的支架将其撑起，在道路两侧展开，长度可以达数里。

行障是另一种形式的障，它的出现比步障略晚，行障是一张平面展开的布面遮挡工具，出行时由专门的人挑在竿架上手持行进。这种工具使用起来比步障灵活，在贵族外出时，可以随时携带，在休息时，竿架的下部插入底座，就可以固定起来，其功能与屏风类似，行障常可以与多曲的围屏配合摆放。

（二）架具

架具指起到支撑各种生活设施作用的支架类家具，它们为满足日常生活所需而设置，构造简便而不失精巧，由于受到所处时代工艺技术和审美风格的影响，种类繁多的架具往往带有强烈的共同特征。

1. 陈列架

陈列架就是用来放置各种物品的家具，既有收纳袋功能，也有观赏的功能，陈列架一般是两面开放的，并且分为多层，目前为止在唐代的文献以及其他资料中，很少有记载和描绘，唐代的陈列架一般是用来放书的书架。到了明清时期，陈列架较为常见，人们通常称之为“架格”。

2. 衣架

衣架是唐代室内常设的用来挂衣物的架具，敦煌壁画中对于衣架的描绘可见的有数处，构造皆较简单，莫高窟第 85 窟窟顶东坡晚唐《楞枷经变》中绘有一具搭有白底花衣的衣架，主体结构为两根立柱支撑顶部横木的形式，立柱下端出榫，插入两根方直材跄木构成的足部。榆林窟第 36 窟五代壁画《弥勒经变》中亦绘有一衣架，架身构造与上例相似，但架足为一整体的方木托，尽管此图绘于五代时期，但与前例造型近似，两种相异的足端设计，可视为唐时流行的衣架足部的两种主要式样。图中两具衣架形式质朴，挂衣横木两侧端头平直，未作上挑或其他雕饰造型，应为民间常用的基本样式。衣架的陈设方式通常与寝具相伴随，莫高窟第 138 窟南壁晚唐壁画《供养图》中，绘有一具放置在直脚床后的衣架，架足为床身所遮不可见。

3. 镜架

唐代制镜工艺十分发达，在装饰上也十分精致。镜子的形态除了传统圆镜之外，还出现了各种花式镜，如菱花、八弧、四方、四方委角等诸种新造型，其中既有大至盈尺的制作，亦有小仅方寸的精品，特别是镜背的图案艺术成就高超，题材包含传说中的珍禽瑞兽、神话故事、社会生活，形式对称和谐，著名的图案如海兽、葡萄、莺凤、宝相花、真子飞仙等。唐镜的镜身大多较厚，含银锡成分较高，因此颜色雪白如银，图案装饰往往凸起较高，带有极强的写实特色。此外还有各种特殊加工镜种，如金银平脱、金背、满地花螺钿、宝钿、宝装等等。

尽管唐代已出现了有柄手镜，但绝大多数的镜子无柄无脚，皆需放置在镜架上使用，图案资料显示，唐代既有放置在承具上使用的小型镜架，也有放置在地面使用的大型制作。其式亦有两种，一为二脚在前、一脚在后的三脚式镜架，一为造型复杂的小型镜台。

第三节　隋唐家具的工艺及装饰

一、唐代家具的装饰与纹样

（一）纹样种类

唐代装饰纹样的起源可以追溯到原始时期，当时的纹样多种多样，大部分都来自民间的手工工艺。例如：青铜器上、陶器上、石器上、服饰上的纹样等等。这么多的纹样都是出自人类辛勤的双手，并且随着社会的进步装饰纹样的发展也越来越丰富。唐代这个使中国发生巨变，给人类社会带来巨大财富的全盛时代，让装饰纹样在唐代得到了不一样的发展。

1. 联珠纹

如图 2-3-1 所示是由小圆珠一个一个构成的，然后按顺序排列而成的装饰图案，是装饰纹样中的几何形装饰纹样。在唐代的家具装饰中形式独特、造型结构严谨，体现出连续、对称的特征，具有丰富的节奏和韵律感。

图 2-3-1　联珠纹

2. 宝相花

如 2-3-2 所示称之为相仙花和宝莲花，是象征吉祥的吉祥纹样之一，寓意着吉祥。这种纹样一般以一些花卉为主，当中还有一些形状不同、大小不一的花叶形。在唐代这种纹样主要运用于丝织品、工艺品和建筑装饰上，有着丰富多样的变化。

图 2-3-2　宝相花

3. 团花纹

如图 2-3-3 所示团花纹层次多，其形象非常丰富，有的团花如桃花的形态，裂纹多的叶形团花、叶子像圆形状的团花以及三种花形团花。唐代是团花最为丰富的时期。此外，还有菱形纹、龟甲纹边饰。从外边看修饰的层次也比较多，纹样主要以大团花、大菱格纹为主。从旁边的修饰中出现了百花草纹，花的造型形态自然多变，叶子短、圆，围绕着主物体花朵。唐代的团花纹主要就是由不同的花卉图案组成的，并且将它们组合在一起构成，运用对称和均衡两种形式美法则。

图 2-3-3　团花纹

4. 卷草纹

唐代的卷草纹看起来就不简单（图 2-3-4），花和叶丰富多样，它的构成形态浑然有力。唐代后期的卷草纹不仅内容比较复杂，而且手工工艺上更加娴熟，其形象也变得多样且融为一体，促使纹样丰富多彩。但是，不管卷草纹的风格怎么变化，它的一些基本构成还是没有发生变化。

图 2-3-4　卷草纹

（二）唐代家具的装饰风格

1. 装饰纹样的风格

唐代国力强盛，有着自信包容的品格，在家具装饰上体现出华丽、鲜艳的特点，一些外来文化元素的传入，也使得唐代家具装饰显得十分丰富。唐代家具的装饰在形式上丰富，工艺也十分先进，体现出很高的家具制作水平。在装饰题材上，先秦两汉时期的装饰主要以神话故事和先贤人物为主，到了唐代，装饰题材则转变为自然景色、花草树木以及世俗生活，讲究画面的美感多过教化功能。

2. 装饰纹样的部位

唐代的家具中有着丰富的装饰纹样，例如：橱柜上的门窗、凳椅上的腿、桌子上的牙条等结构部位都会进行装饰。常见的花纹是连续的图案装饰。唐代家具运用的纹样主要有联珠纹、卷草纹、宝相花纹和团花纹等。其中团花纹和卷草纹是比较常用的纹样，卷草纹的使用最为广泛。唐代家具的靠背、扶手、桌腿上都会出现这些装饰纹样。人们可以凭借家具上这些部位的卷草纹判断该件家具属于唐代家具。

3. 装饰纹样的色彩

装饰图案中的色彩搭配也是十分重要的装饰元素。从宏观上看，不同的时代、不同的社会、不同的民族，对色彩的认知和运用不同。此外，色彩在不同家具中的运用也不同。对于一些颜色鲜艳的家具，我们的装饰图案应该使用对比色，这样才能使家具美观，充满活力。在原始社会，由于材料和工艺的限制，装饰图案的色彩一般较为单一。随着社会的发展，家具装饰色彩也变得越来越丰富。唐代经济发达、家具制作工艺高超，社会崇尚富丽堂皇的装饰风格，此时的家具纹饰色彩丰富、华丽，体现出时代和民族特征。

二、唐代家具的工艺与材料

（一）唐代家具的材料

唐代家具在两汉、南北朝的基础上，经过 300 多年的政治稳定、经济繁荣和文化艺术发达而发展起来。当时的金银工艺、漆工工艺、螺钿镶嵌工艺的发展，为家具的装饰提供了条件。唐代家具上不仅可以看到汉时的彩绘，而且在雕刻、镶嵌等装饰手法上都有新的发展。在结构方面，壶门的造型也不断变化与丰富，成为唐代家具中特有的一种装饰风格。唐代装饰风格崇尚奢华，那时就已有人花费大笔钱财来制作家具了，《太平广记》中记载："广陵有贾人，以柏木造床。凡什器百余事，制作甚精，其费已二十万，载之建康，卖以求利。"另年天宝十载唐玄宗在长安为安禄山建造了一所豪华的住宅，而且为他配置了最昂贵的家用器皿，例如金银制作的厨具等，在家具中还有"帖白檀床二，皆长丈，阔六尺"的记载。从图像和实物中我们了解到唐代家具有雕刻、镶嵌、刻漆、包角等工艺。传为周昉所绘的《宫乐图》中就可以看出唐代家具艺术和其他文化艺术一样，也呈现出一种雍容大气的风格，材料、结构和装饰浑然一体，单从其中的月牙凳，我们就可以看到其坐垫、雕刻、镶嵌或是流苏饰物，都是装饰极其华丽的器物，四腿上雕刻的花纹亦是唐代的典型纹饰。

从日本正仓院所藏的器物来看，装饰手法用得最多的即为木质地螺钿，其中装饰最为精美的就是木做的乐器。正仓院所藏的琵琶等乐器就是以木质地螺钿为装饰手法所制造的，上面不但使用贝，还使用玉石嵌装，而且，同时使用了木画的技法，在螺钿镜上也镶嵌着玉石。除玉石外，还有松绿石、阿富汗特产的青金石、云南的琥珀和水晶等。木画则用印度、锡兰、泰国和马来半岛产的紫檀和黑檀，并使用铁刀木、象牙、砒帽等南方出产的材料。

另外一件比较有代表性的器物是正仓院的木画紫檀双陆局，首先在桌面处理上，以紫檀材薄板贴面，四周微微隆起，构成桌缘。桌面之上两边的中心部各作一个盛开的六瓣花纹样，为简单的装饰，两长边的中央部分以象牙作月牙形图样，左右各六盏盛开的花形嵌入桌面，花的用料是以象牙做花蕊白，以鹿角做花瓣染绿，以黄杨木棕勾画出花瓣形状在床角、桌缘等处，用象牙作线形勾勒，简洁利落，尤其是长边桌脚中心的这片装饰带用料考究，白色的部分是象牙，花朵黑的部分是黑檀、黑柿，黄褐色部分是黄杨木，绿色的叶是染色鹿角，装饰带上方飞翔的小鸟，背部的羽毛是利用孟宗竹天然的纹理加工而成。

图 2-3-5　正仓院的木画紫檀双陆局

除此之外，唐代的箱盒等小物件装饰也颇为华丽。《旧唐书》卷《李靖传》中记载：“……其佩笔尚堪书，金装木匣，制作精巧。”并得知当时木盒盒身拼嵌的材料也有等级之分，《翰林志》中记载“凡将相告身，用金花五色绫纸，所司印，凡吐蕃赞普书及别录，用金花五色绞纸、上白檀香木真珠瑟瑟钿函、银锁。回纥可汗、新罗、渤海王书及别录，并用金花五色绞纸、次白檀香木瑟瑟钿函、银锁。诸番军长、吐蕃宰相、回纥内外宰相、摩尼以下书及别录，并用五色麻纸、紫檀香木钿函、银锁，并不用印。”

唐代用象牙也很兴盛，王绩《围棋》中载：“雕盘屡胫饰，帖局象牙缘。”归纳以上材料，唐代家具的用材和装饰的材料大致有象牙、犀牛角、兽皮、蚕丝、贝壳、珍珠、玳瑁、珊瑚等动物性材料，白檀、柏木、沉香木、樟木、桑木、樱桃木、杉木、梧桐木等植物性材料，金、银、铜、铁、锡、玛瑙、翡翠、水晶、青石、理石等矿物性材料。

（二）唐代家具的工艺

唐代家具款式繁多，工艺精湛而严谨，大型家具庄重而耐用，小器皿精美美观，体现出高超的工艺水平。唐代家具的工艺水平不仅继承了几个朝代所积累的经验和技术，同时吸收了很多外来文化元素和新工艺，因此出现了许多新的形式、结构和装饰，这些条件使得唐代家具工艺成为中国家具史上重要的发展期。此外，唐代时期中国家具的发展，很大程度上得益于木作工艺的进步。

据中国木作工具发展史研究学者李浈的研究，唐代的解斫工具相较于前代有着显著的进步。从新石器晚期到魏晋南北朝以前，解斫木材的主要方式是“裂解与砍斫”。大、中型的原木，需经过在其纵切面或横断面钉上石楔或金属楔钉，通过外力锤击，使之分解一次乃至多次，再经过砍削修治方能成为板材和枋材。工具的限制，不但使木材的利用率低下，更由于难以剖分为薄板，家具的用材往往较厚，结体也随之浑厚质朴。弦切解斫的关键工具框架锯，约出现于南北朝晚期，并在唐代得到普遍的应用。它不但使唐代工匠能制造出如干盘一类薄板构造的小型壸门式家具，也使枋木直材的制作变得简单高效，为唐代直脚床、绳床以及各类架具等框架结构家具的制作提供了便利。

此外，锯解剖分制材的表面平整度，与裂解与砍斫法制材不可同日而语，相对平整的锯解面大大减轻了后续平木工序的难度。明清时期通用的平木工具平推刨，最早约出现在南宋时期，文献记载唐代工匠使用的平木工具有撕、铲、锛、铨、绥、刨（刮刨）等数种。这些工具的使用效率虽不及平推刨，但从唐代家具用材的表面平整度来看，唐代工匠的平木技艺十分高超，这必然需要在平木工序上不惜时间与精力，以弥补加工工具的弱点。尤其是保存在日本正仓院的相当一部分家具表面光素，并不上漆，对材料表面的光洁细致程度要求极高，因此在部分高档家具的制材过程中，经过一般的平木工艺之后，应当还需要打磨光料的再处理过程。当代明清家具研究者马未都认为，在明式硬木家具之前，中国古代家具都须通过披麻挂灰来找平，所以必须用色漆装饰，这种观点显然失之偏颇。

唐代家具的各种形制类别，已通过前文的分述而介绍其基本面貌，总的来说，唐代家具可分为以壸门床、壸门桌、牙床为代表的箱板式和以绳床、方凳、直脚床、直脚桌案为代表的框架式两大结构体系，月牙杌子、唐圈椅、鹤膝桌、鹤膝榻等则是这两大体系相互交汇融合的产物。唐代的框架结构家具，皆属王世襄先生所界定的“无束腰式”，即腿足上端的榫头直接插入板材卯眼的形式；壸门床榻、承具牙床、壸门桌、月牙杌子等则近于所谓“四面平式”。而宋代以后由壸门床和须弥座形制元素发展而来的“有束腰式”家具，在唐代尚未见有明显的例子。

第四节　隋唐家具的风格与隋唐文化

一、唐代家具与唐代建筑文化

魏晋南北朝以来，中国传统的建筑承重结构所用的材料，以木材占有主体地位，在此基础之上兼及土、石、砖、瓦、竹、金属等多种材料，因此中国传统建筑的主要结构性营造技术通常被称之为“大木作”。而春秋战国以后，中国传统家具的材料也同样由木、石、青铜、陶兼用转而以木质材料为主，且在营建工程中通常被视为建筑营造的附属，与传统建筑中的其他非结构性内容一道，被统称为“小木作”。

作为一个关联性的整体构成，建筑提供了日常生活的空间框架，并对相应空间内陈设的家具有着尺度大小的限定和构造技术上的参照，而空间内的格局划分、使用功能和装饰性需求则需通过家具的陈设方能得以具体实现和完善。

（一）唐代家具与唐代建筑空间格局

1. 室内空间与唐代高型家具的发展

受中国古典建筑的梁架结构特征影响，室内空间一般以“间”作为计量单位。所谓“间”，就是四根立柱与柱上的枋、檩围合而成的两道屋架之间的空间。大约自魏晋时期开始，我国古代建筑学出现了“间”的概念，如《宋书》载：“晋明帝太宁元年，周延自归王敦，既立宅宇，而所起五间六架，一时跃出堕地，余析犹亘柱头。”从理论上来说，单体建筑的间数可以通过增加横纵排列的柱子数量而向四面无限延展，但是在南北朝早期及其以前，由于力学技术的限制，建筑的间数延展通常只能在面阔上展开，《法苑珠林》载东晋桓仲请翼法师渡江造寺，“大殿一十三间，惟两行柱，通梁长五十五尺”。由于使用通梁，即使面阔十三间的大型建筑也只有两行柱，因此其平面形态是一个细扁的长方形。到南北朝中后期，大木梁架结构技术出现了较大的进步，全木构建筑的进深得到了拓展，此时的建筑技术已能采用柱与梁结合构造出复杂的柱网组织。

魏晋以来建筑大木梁架结构体系的发展，到唐代逐渐进步完善，使建筑室内空间的规模远较土木混合结构建筑更为宏大高敞。五台县佛光寺东大殿中部五明间各宽5.04米，两侧梢间4.4米，柱高5米，柱网结构采用《营造法式》所谓“金厢斗底槽”做法，作“回”字形，使室内中部空间更为宽阔。

建筑室内平面的宽敞和立体空间的加高，使建筑内空间尺度与人体身高之间的悬殊远较低座家具流行的时代增大。这一建筑史上的巨大变化，促使唐代家具的发展向三个方面做出调整，从而与室内高阔的环境气氛相适应。其一是作为室内陈设中心的数种家具如壸门床榻、直脚床、帐的平面长宽尺度增大；其二是使所有置于地面上使用的家具都向高处发展，如坐卧两用具、承具、皮具、架具的高度逐步增高；其三是以绳床、胡床、长床、月牙杌子、唐圈椅等为中心的高坐家具进一步流行普及。

2. 空间功能性划分与唐代家具陈设

入唐以后，全木构梁架技术进一步发展，已经可以构造结构极其复杂的全木构建筑。如大明宫麟德殿遗址，是迄今考古发现中结构最为复杂的唐构建筑。殿由相连的前、中、后三殿连通聚合而成，三殿面阔均为九间，前殿进深四间，中后殿进深皆五间，总进深达86米，总面积近5000平方米。中殿为二层建筑，其左右侧又建二座方亭，亭内侧各有飞桥通向中殿上层，形成一个相互连通的建筑群。如此复杂的宫殿建筑内部空间，是为满足不同仪节场合的使用需求而设计，这种演进趋势还体现在住宅空间设计当中。我国古代的住宅设计，将前部作为起居活动的空间，称之为“堂”，后部供主人休息及处理私人事务，称之为“室”。唐代出现了一种被称为“轴心舍”的住宅建筑形式，其特征是前后排列的两个单体建筑之间用连廊相连通，前舍一般用作堂屋，后舍一般用作内室。这种建筑形式当代研究者通常称之为“工字殿”，在唐代，它属于比较高级的建筑形式，唐文宗曾于太和三年（829年）下诏规定“非常参官，不得造轴心舍”。这种连通前堂后室的建筑格局，在当时相当新颖。

同时还值得关注的是，由于唐代公私园林营造的普遍，以及唐代礼教之防并未如后世一样严格，冶游之风在唐代十分盛行，因此存在各类家具频繁地在室外使用的情况。如步障、屏风一类起到空间屏蔽和主次方位划分作用的家具就显得十分重要。

此外如抬举之具步辇、檐子，供人坐卧的席、榻，新型的坐具胡床，绳床、荃蹄、圆墩、月牙杌子等，携带随身物品的奁盒、进食所需的食案、垒子，游戏休闲所需的棋局、博局，舞乐伎所用的乐器架等种种家具，皆可移置于室外。室内和室外家具陈设使用的非固定性，正可以很好地解释唐代贵族墓葬中出土的壁画，常有对侍者携持家具情景的描绘的原因。

随着建筑开间的增加，无论是厅堂还是内室，皆需加以功能性的区隔，以区分出起居、会客、宴乐、睡卧、读书等等行为活动的空间，当这些活动需要同时进行时，室内空间非结构性的临时区隔更显得必要。唐代建筑的内檐小木作装修主要包括木构件彩绘、墙面粉饰壁画、铺设地砖、门窗装饰、天花藻井等内容。至于室内木质隔墙的使用，现当代建筑研究多皆语焉不详。实际上，在室内空间的功能性区隔上，木质隔墙的应用在唐代已经出现，利用木材制作板壁或“格子”在室内分隔出数个房间，这是一种相对固化的室内空间分隔方式。通常应用于旅店的客房、官署的办事机构，以及用来待客的小室、住宅内用于睡卧或作其他专门用途的内室等等。在正式的厅堂以及较大的内室中，数间相连的通透空间依然需要利用其他方法作临时性的划分。用于区隔空间的屏风、步障、帐等，还带有暗示礼仪分寸的作用，它区隔出的空间带有一定的禁忌性。

（二）唐代家具与唐代建筑结构

中国传统木构建筑的主体承重，主要依靠梁柱相互支撑来实现，因此在建筑的隼卯结构、力学设计上有着长达数千年的积淀，唐代处于我国传统家具造型体系受到外来新样式的冲击，由箱板式为主体向框架式为主体过渡的关键时期，很多高型家具构造的技术性问题，由于经验局限，需要从大木梁架结构技术中吸取养分。因此，唐代建筑对家具的影响，较之前代显著得多。

“斗”是古代建筑大木作斗拱体系的中的基本组件，主要起到对其顶部木构件的承托和嵌夹作用，它因立面形状与古代量器“斗”相似而得名。据考古发现的青铜器分析，西周时期的建筑上，可能已经开始使用“斗”。“护斗”又称“坐斗”，是古代建筑中斗拱的最下层，是斗拱体系中重量集中处所用的最大的斗，有时也可以单独使用。

阑额又称作阑枋，是柱与柱之间连接的木枋，通过阑枋结构，将各层柱网联为一体，为屋顶铺作层创设了一个整体的承重体系。南北朝时期的石窟建筑中，阑额通常安装在柱顶，下部有护斗承托。唐代家具中的栅足几、四腿桌案等类承具中，腿足顶端常以直桦纳入托枋，其构造形式与南北朝时期建筑柱头顶端承接阑额的造法十分相近。从该造法在南北朝全木构建筑中就已通行来看，这种家具腿足与面板连接部位的造法应至少出现在唐代初期甚至更早，但它在宋代家具中已几乎未见，是一种早期框架式家具的阶段性构造形式。

二、外来文化与唐代家具文化

民族关系的缓和和对外交往的流动性，使魏晋南北朝以来胡汉文化之间激烈的文化冲突，转变为文化相互渗透、交流的局面。中原地区积极接纳外来文明。唐朝时期，许多外国人对兴盛的唐朝产生了浓厚的兴趣，纷纷慕名而来。伴随他们而来的外来文化、宗教、艺术和风俗习惯大量进入中原。除了佛教、摩尼教、袄教、景教等宗教文化，以及各种外来语言的传播外，唐代人民对外来物品的探索也十分活跃，并将其应用到社会生活的方方面面。在长安、洛阳等大城市，胡乐胡装盛行，人们的衣食住行都渗入了西部地区的风俗习惯。

唐代时期各民族移居中原的人很多，北方更是民族杂居的地区，此外外国使者、贵族、商人等外来居民必然会带来他们的饮食起居、衣冠服饰、风俗习惯、宗教信仰等，而唐朝对于这些外来文化的态度是采取兼容并蓄，即让他们各从其俗、各行其是。宗教上佛像佛塑的传入和汉化，使异域画成为画坛中别具风貌的一派，敦煌壁画中“飞天”形象以及帝王陵墓石雕便是胡风影响的具体体现。生活上胡服、胡饭、胡音、胡曲、胡乐、胡舞的别具风格，都体现了外来文化对于唐人带来的影响。在外来文化的推进下，就有了胡床、绳床、束腰墩以及高型家具的进入，垂足而坐的生活方式冲击着中原地区人们传统的起居方式，垂足而坐逐渐取代席地而坐，高型家具逐渐普及，各类形式的高型家具开始占据统治地位。

近年来，随着研究的深入，专家发现，古代丝绸之路对中国家具文化同样有着重大的影响。丝绸之路对唐代家具文化的影响过程主要有三个层面。首先是表层的器物方面，由丝绸之路进入中原的器物，逐渐被人们所接受、喜欢和欣赏。外来器物所体现的异域风格带给长居中原地区的人们以不同的感受和生活氛围。然后，唐代家具受丝绸之路的影响逐渐深入到技术层面，唐人在借鉴外来造型的同时，开始注重对制作工艺的学习和模仿，并将这些工艺推广至不同的器物和艺术中。最后是对精神文化层面产生影响。唐代家具在广泛吸收异域家具文化的同时，结合了中原本土文化，形成独特的中西融合的家具文化。

外来文化对唐朝器物的影响是方方面面的，唐人日常生活中随处可见外来因素的影子，唐代家具的装饰图案、装饰题材、色彩构图、造型样式，都有受到外来文化的影响。对我国家具发展影响最大的应为胡床。魏晋时期当草原游牧民族将胡床带到中原以后，这种可折叠易携带，具有一定高度的坐具逐渐被人们所接受。先是由社会高层人们所喜爱和使用，然后在平民百姓中逐渐得到普及，最后使中原地区从席地而坐的起居方式转变为垂足而坐。到了唐代，胡床的形象经常在绘画艺术作品中出现，并保留着最初的样式，如唐李寿墓石椁内壁仕女图中侍女手持的胡床，造型简洁，结构清晰，特征明显（图 2-4-1）。

图 2-4-1　唐李寿墓石椁线刻仕女图中的胡床

随着唐以后的发展，不论是从绘画还是壁画中，我们都可以看到胡床的形象，并延用至今，是中西文明交流的“活化石”。在丝绸之路上的新疆吐鲁番地区，出土了大量的唐代织锦，其中的装饰纹样有别于传统，具有明显的异域风格，如：联珠鸟兽图案斜纹纬锦，联珠对孔雀纹锦，联珠鸾鸟纹锦，联珠天马骑士纹锦，猪头纹锦和骑士纹锦等，是萨珊波斯与中原本土纹样的结合。这些织锦既作为商品出口西域，同时也在本土广为流行。我们可以试想一下这些织锦与家具搭配使用的场景，一定是充满异域风情，并带有中原特色的混搭风格。

灿烂夺目、美轮美奂的金银器是萨珊波斯带给唐人的深刻印象。首先在技术层面对中原地区产生了影响，玻璃器皿逐渐采用吹制法，金银器的制作融合了锤揲、掐丝、焊接及粘金珠等技术。同时外来器物的新颖造型和纹样具有极大的视觉冲击，结合唐代本土器物形制与装饰纹样，创作出了具有西域风格的唐代本土金银器。例如模仿粟特地区盛行的带环形把手的杯，将外凸的器形改为内凹，连珠纹的装饰改为柳叶纹，指垫为三角形，杯外侧腹壁的装饰纹样为唐代流行的狩猎图和仕女图。这种形制的杯逐渐影响到陶瓷杯的造型。

从这些美轮美奂的金银器中，我们可以想象唐代家具的灿烂形象。沉没于印度尼西亚的“黑石号”沉船为阿拉伯商船，从中国采购大批货物，返程路途中触礁沉船。打捞出水的67000件宝物中，大部分是中国出产的陶瓷器物，这些器物中不仅有唐代本土风格，还有专为迎合西方市场及审美而烧制的瓷器。例如带有伊斯兰风格装饰图案、文字的瓷碗，采用萨珊波斯金银制作工艺的金银器等。这些器物于唐朝中原本土地区进行生产和加工，再以商品的形式销往其他国家。而这些产自于中原地区的器物正是两种文化结合的最好例证，唐人通过对外来器物进行鉴赏与思考，融入唐朝特色的艺术手法，将唐文化渗入到每一件器物之中，既符合外国使用者的审美又展现了唐人的精神文化世界。

图 2-4-2 “黑石号”沉船中歌舞胡人带把杯

丝绸之路传入中原的还有宗教文化，如佛教、袄教、摩尼教。而在我国影响最为深远、影响范围最广、世俗化程度最高的当属佛教。随佛教一同传入中原地区的佛教家具逐渐对中原的家具文化产生影响，并随着人们的起居方式不断适应、改良和变化。例如敦煌莫高窟中所塑唐代佛像的佛座，与现实中日常使用的家具形式不同，是为了体现出佛陀的崇高和伟大，佛国世界与现实世界的不同。具有宣传宗教精神，起到震慑与感化的目的。但是，佛教家具的设计原型依然来自现实世界，并不能完全脱离现实中的家具造型，故而家具的结构样式具有可参考价值，而且体现了宗教影响下的唐代家具文化。例如敦煌莫高窟第 205 窟及 445 窟中的莲花写实地描绘了莲花盛开的造型，既有造型上的灵动又有韵律上的变化，给人一种平静、祥和之感，烘托出佛的庄严和纯洁。

图 2-4-3 鎏金仕女狩猎纹八瓣银杯（何家村窖藏）

唐代辉煌的金银器是唐代工艺技术的代表，由于材质的稳定性和特殊性，保存至今的金银器依然耀眼如初，为学术研究提供了大量实物资料。但唐代家具多为木材制作而成，材质易腐朽，流传至今的唐代家具极少。仅凭家具实物本身不能做出详细的推断。家具与金银器同为唐代社会生活中的日常用品，家具更是必不可少之物，金银器的使用多为宫廷和社会上层人士，金银器的工艺必然非常纯熟，并且引领手工艺制作的潮流及时尚。这种技术上的发展变化逐渐由金银器向其他器物发展，所起到的影响是逐渐深入的，故而推断出唐代家具制作技术必然也会受到外来影响。

在精神文化层面，对家具的影响，唐朝在不断接受外来新鲜事物的同时，一并吸收外来文化。但对待外来文化并非全盘接收而是有选择性的采纳，体现了唐人兼容并蓄的文化自信和博大的胸怀。随外域文化涌入的还有乐器、音乐、舞蹈和服装等。随着少数民族与中原地区的交流与融合，不同地域的音乐、舞蹈随之传入，例如龟兹、天竺、康国、疏勒、安国等伎乐，都是典型的西域乐舞。这些新颖独特的音乐舞蹈，以其长于变化的节奏、旋律和富于感官刺激的声色姿态之美炫惑世人耳目，成为时代审美活动的主要对象。宫廷仕女中流行身着翻领胡服、头戴胡帽的风尚。与汉人长裙大袖不同，胡服不仅色彩丰富，紧身窄袖，长裤皮靴更加适应日常生活，在唐代社会更是男女通用。陕西墓葬壁画和陶俑身着胡服，但通过面目特征和周围环境辨认，其身份实为汉人。由此可见，唐人对于其他民族文化的接受程度远超我们的想象，这既是社会风尚也是观念上的深层变化。

三、唐代生活风俗与家具文化

家具作为生活中必不可少的器物，无论是生产实践还是社会活动都是不可缺少的，它涉及生活的方方面面，与人们的衣食住行、思想意识活动都有着密不可分的联系，而家具作为发展着的器物就有其一定的历史性和阶段性，不同的历史阶段，其特定的历史文化介入构成了家具文化的基本内涵，呈现出区别于其他阶段的家具形态。唐人在日常生活中的衣、食、住、行诸多方面表现出的生活方式以及文化形态都可以体现当时唐代的生活民俗。就衣着的方面来说，唐代衣服原料质地纱绢棉麻罗锦等应有尽有，服装形式更是变化多样。妇女身着华丽彩衣，头戴羃离、帷帽、靓妆露脸、袒胸、窄袖是唐代宫廷女性装束的特色，显示出形体美已成为时髦。宫廷女子体态丰腴、雍容华贵、神情懒散的仪态在《挥扇仕女图》中可以看到，和其形态风格相配的是唐代的圈椅，体型较大，具有鲜明特色，月牙凳不仅使用舒适而且造型圆浑，配以软垫、流苏镶嵌玉石显得十分华丽珍贵。

在唐代，无论是繁华的都城还是偏远的小镇人人都爱饮酒，上下同饮。文人间的交往更是无酒不成诗，无酒不成交。此外，唐代饮茶之风才从魏晋南北朝的地区型转变为盛行全国，无论僧道雅俗，都喜爱饮茶提神消渴，唐代陆羽更是著有《茶经》详细记录各种茶以及煮饮方法和器皿，足以见得茶在唐代社交活动中的地位。饮酒和品茶的流行使得宴会的场景增加，使得和酒茶相关的器皿、用具及宴会大型家具都得到发展。在唐《宫乐图》中后宫女眷十二人围着坐于大型长桌四周，或品茶或行酒令或吹乐助兴，各个意态悠然。长桌四角有金色花纹雕刻，桌面四周有边抹，结构为壶门箱式结构，有托泥，前后各三个壶门，左右似为四个壶门，配套坐的是月牙凳，是唐代独具创意特点的家具形式，坐面成月牙或椭圆形，中间向下凹陷成有弧度，坐着更加舒适，腿有三足和四足两类，凳腿为弧形，周身有雕刻、流苏、镶嵌宝石并加以软垫具有典型的唐代风格，这些大型家具和唐朝人喜欢饮酒品茶乐于参加宴会的生活方式是分不开的。而这一阶段是唐人的起居由汉之前的席地而坐发展到垂足而坐的过渡期，在日常生活宴会中也可以看到两种起居文化的冲撞和交融，为后代垂足而坐的生活方式奠定了基础。(图 2-4-4)

图 2-4-4 《宫乐图》

第三章　中国传统家具艺术的成型期——宋代家具

宋代是中国传统文化发展的高峰时期，属于一个承前启后的时代，在设计文化方面对后世有着深远的影响。宋代是中国高坐家具正规化的时期。人们的坐卧方式正式变为高坐，这也改变了室内的陈设方式和家具形态，中国家具在此时形成了优雅简洁的风格，为后世树立了中国家具美学的典范。

第一节　宋代家具、宋代文人、宋代生活

文人是中国历史上十分重要的一个特殊群体，在历朝历代，文人在政治资源、经济资源、文化资源领域掌握着很大的主导权。到了宋代，文人的社会地位有了很大的提升，文人的审美追求逐渐成为主流，并且表现出很多新的特质，这与宋代的历史与政治密切相关。

一、宋代文人与宋代家具美学

（一）宋代文人地位的提高

唐代文人阶层开始崛起，到了宋代，教育的普及和科举制度的完善，使得文人群体不断壮大，社会地位逐渐提高，发挥了重要的影响力。重文轻武是北宋统治者在深刻反思历代兴亡经验教训后做出的选择。宋太祖为了巩固中央政权，推行重文官而轻武臣的策略，以削弱将领的权力，文人

的政治地位得到提高，文人的数量不断增加，在政治中的分量也越来越重，因而宋代被称为“士大夫政治”时期。可以说，宋朝的政治环境比其他时期更为宽松。宋代甚至以流放代替死刑，作为对公职人员的惩罚。这种宽松的政治环境，让宋代的士大夫在政治上更加自在。

科举制度到了宋代得到了完善，教育制度也有了新发展，宋代的教育形式有很多新的特点，特别是书院的建立对当时的社会与文化有着重要的影响。宋朝对知识分子阶层的优待和对文化事业的扶持，使知识分子恢复了文化自信，在政治上可以施展才华。朝廷坚持公平选拔士人，使科举考试向全社会开放，打破唐代科举的限制，促进了人才选拔公民化趋势，打通了阶层上升渠道。教育从“贵族化”到“大众化”的重大转变，推动基础教育的发展，从而大大提高了民众的文化素养，推动了新思想的产生，促进了宋代文化的发展和学术的传播。自此，宋代文人不仅是政治的中坚力量，更是文化创造的中坚力量。文人成为这个时代的精神领袖，他们所主导的风格与品位在哲学思想和生活情趣以及文化艺术方面都发挥着影响力。宋代崇尚儒学，同时吸收佛道思想，在思想上形成了儒、释、道三教合一的新局面。宋代文人已经有了丰富的理论条件和宽松的社会条件，在有利的政治待遇和充足的时空条件等多重因素下，文人有更多的闲暇时间投身于文化艺术创作，提升生活情趣。

（二）宋代世人的文化生活

经济的发展、文化的繁荣使宋代士大夫的生活环境十分舒适，人们越来越注重对生活品质的追求。文人追求文雅的生活品位，宴饮、茶、琴、棋、书、诗、酒都是宋代文人高雅精致的生活方式。文人们将文学作品、工艺品、家具、器皿等都作为传达文人精神和生活品位的载体，深刻反映了文人精神对宋代生活的文化渗透。商品经济的发展使宋代形成了新的城市文化环境，特别体现在宋代民族审美文化的兴起和繁荣，影响了中国古代艺术审美和文化发展的过程和趋势。与前代相比，宋代的文化活动不局限于单一的群体，而是扩展到皇室、贵族、平民等各个社会群体。作为宋代的精神领袖，宋代文人倾向于尊崇先秦儒家为思想源泉和人格楷模。在宋代城市内外的诸多环境中，儒家知识分子的审美和文化追求成为主导，城市环境也为宋人提供了一个很好的享受文化艺术气息的环境。宋代，汴梁、洛阳、临安等城市遍布着酒楼茶楼、勾栏、园林等公共场所，供全民休闲娱乐。

在当时，园林在人们日常生活中有着重要位置。宋代的皇家园林不仅对皇族开放，还在特定时期对士大夫开放，琼林苑、宜春苑、艮岳、玉津园、瑞圣园等，宋代繁荣多元的城市环境为文人生活美学提供了优质的物质条件。宋代文人的生活美学，突出表现在文人对大自然的热爱与追求隐居的生活乐趣。宋代文人不同于汉唐文人的功利进取，他们在出仕与隐居之间寻求平衡，开始有意识地追求悠闲自然的生活。文人们不仅在政治上有抱负，在官场失意时也会将注意力转移到对人生情怀、人生价值乃至宇宙的深刻思考。由此可以看出，宋代士大夫一方面为国家利益关心现实，忧国忧民，追求经世致用的学问；另一方面，他们也更注重对个体人格的心性和本性的研究，希望过上从容自如的生活。

二、宋代士文化影响下的生活美学

到了宋代，古人的审美观念由大气奔放转向沉静内敛，唐代的审美意识整体上是富丽堂皇和丰满，宋代的审美意识则表现出精致细腻和婉约。宋人的审美特征可以在散文、诗歌、书法、绘画、工艺品等方面得到体现。宋代的文人墨客，在思想观念、文化品格、审美意识等方面都经历了许多变化。在宋代书香文化繁荣的文化环境中，宋代文人将深厚的历史文化价值注入居住艺术和生活美学等日常生活的方方面面，将生活美学化。它不仅体现了宋代以新儒家为核心的精神信仰，也体现了宋人追求精神与物质统一的和谐关系。

1. 追求实用性

技术与美学结合是宋代工艺的重要特征，体现着宋代的造物文化，以及中国传统文人的美学观。中国文人审美意识的积累是文化心理演化的产物，文人作为宋代的精神先驱，代表了一个时代先进的文化思想。因此，宋代设计美学的诸多因素是文人文化思想的主导和文人对生活品质的诉求。随着宋代文化教育的普及，在文人墨客引领的时代潮流下，宋人普遍提高了对艺术的鉴赏力，宋人的美学观渗透到了日常用具的制作中，推动了家具艺术的发展，家具设计传递更多的文化元素，文人对家具设计的关注，促进了工匠文化素质和综合技能的提高。文人雅士更多地参与建筑领域，导致宋代工艺美术领域出现了具有较高文化素质的新型工匠。换言之，宋代室内陈设的独特艺术在一定程度上是宋士人和工匠共同创造的结果。

宋代文人的审美意识涵盖了生活的方方面面，从建筑、园林、家具到服饰，家具艺术是体现文人情怀的最微妙的方面。文人在理论方面推动了工艺设计或家具设计活动。文人与工匠虽然来自不同的社会阶层，但两者之间有着很强的联系，他们的合作促进了家具设计的发展。同时，商人和市民阶级的崛起，使得职业精神受到重视，而追求生活品质成为文人自我认同的重要途径。虽然在手工艺发达的宋代市场，人们可以直接得到复杂的手工艺品和精美的家具，或者自己制作简单的家居家具，但很多可能不符合审美和文人的需要，所以文人用设计来表达自我的感受以及对家具的理解，形成了文人的审美偏好。

2. “可游可居”的自然意趣

宋代文人政治地位较高，但党争也十分激烈，文人墨客在政治上失意，就会在园林中寄托理想。文人将他们的审美理念和情感表达融入造园艺术中，形成了一种追求简约、质朴、优雅、自然的艺术风格。因此，宋代居室艺术的发展，离不开宋代文人墨客的生活哲学。中国古代的生活情趣，尤其是文人所参与的生活环境，本质上体现了文人对“雅文化”的追求，居住场所是完善自身人格的精神场所。宋代绘画艺术与诗歌等文学形式的紧密结合，成为一种独特的艺术创作方法和审美方法。山水画与文人的审美意识渗透融合，也使宋代的建筑艺术更加有文化气息。

3. 居住意识的提升

文人作为宋代社会的重要阶层，他们对“雅”的追求，影响到宋代建筑与家具的设计与制作。宋代审美意识的发展，除了文人的审美取向外，还受很多客观的社会因素影响。比如宋科举制度的完善，使士人享有更高的社会地位和休闲空间，这给了士大夫更多的欣赏艺术的机会。宋代文人生活方式的变化，引起了人们对日常生活美学的极大关注，在艺术、造物和学术研究上都有所体现。琴、棋、书、画、金石、高雅瓷器和插花等，都成为文人生活中体现审美意识的物品。正是由于宋代文官阶层的这些爱好和倾向，对生活美学的追求才成为时代风尚，进而形成审美主体的核心，直接影响艺术和社会思想的变化。宋代文人通过自身审美心态的发展，逐渐将日常生活的生活用具转化为带有美学价值的艺术品。

第二节　宋代家具的分类

一、坐具

（一）椅

在人们的概念中，椅子和凳子的区别在于椅子有靠背，不仅有垂足而坐的功能，也可以用来倚靠，因此，在过去椅子也被称为“倚子”。

椅子的出现表示垂足而坐的生活方式正式形成。椅子制作在宋代有了更大的发展。宋代椅子可分为靠背椅、交椅、圈椅、扶手椅、宝座、玫瑰椅等，靠背椅是最具有代表性的高型家具。

1. 靠背椅

靠背椅的工艺不复杂，但到了宋代，靠背椅的结构设计十分精巧，装饰也有着很大的美学价值。从考古挖掘和传世的绘画中可以看到，宋代的靠背椅大多是出头式的，搭脑向两侧突出，这种造型与宋代的官帽样式十分类似。按照搭脑形态的不同，宋代的靠背椅可分为直脑靠背椅和曲脑搭靠背椅两种。

直搭脑靠背椅又可分为横向靠背与纵向靠背两种类型，这里靠背的纵向指的是靠背处木条与人的脊柱接触是纵向的，其中以直搭脑纵向靠背椅为多。这种椅子造型图像可以在北宋许多传世画作中看到，例如，在宋佚名《女孝经图》中，我们可以看到文人所使用的直搭脑纵向靠背椅（3-2-1）。

图 3-2-1　宋佚名《女孝经图》中的靠背椅

曲搭脑靠背椅的形象可见于宋佚名《十八学士图》、五代顾闳中《韩熙载夜宴图》(3-2-2)、南宋佚名《五山十刹图》(灵隐寺椅子)等传世画作中。

图 3-2-2　《韩熙载夜宴图》中的靠背椅

2. 扶手椅

扶手椅是在靠背的基础上，两侧加了扶手。在功能上，它的舒适性更强，人的双手可以放在扶手上。由于增加了扶手，它的结构更复杂一些。

宋代扶手椅也可以根据搭脑形状，被分为两种类型：直搭脑扶手椅与曲搭脑扶手椅。

3. 玫瑰椅（折背样）

玫瑰椅在宋代也是一种直搭脑扶手椅，宋代玫瑰椅与后世的玫瑰椅在造型上有所区别，宋代玫瑰椅并没有实物出土，它的形象在宋佚名《十八学士图》中可以看到，其特点是靠背比较低，基本与扶手齐平，也有少数玫瑰椅靠背高于扶手，这种造型在后世中较为常见。

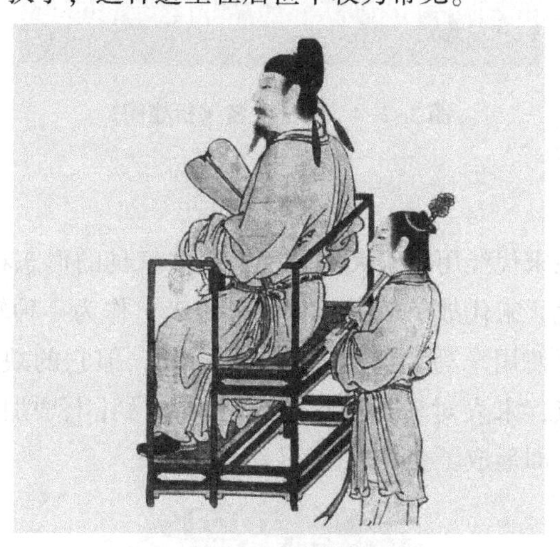

图 3-2-3　宋·佚名《十八学士图》中的玫瑰椅

4. 圈椅

圈椅指的是靠背、扶手连成整体，形成一个圆弧形的椅子，圈椅在唐代已经出现，如唐画《挥扇仕女图》中就有圈椅。宋代圈椅可以在宋佚名《折槛图》中看到，汉成帝所坐的圈椅造型厚重、大气、装饰十分华丽，凸显了使用者的身份。椅圈的椅背有弧度，背部较高，扶手部位较低，扶手两端呈卷云状。椅座面呈长方形，椅圈椅座中间有栅栏状木棍支撑，同时在扶手前端还装有雕刻花卉的立柱。

图 3-2-4　宋·佚名《折槛图》

5. **交椅**

中国家具在宋代经历了很大的转变，很多家具的形态在这一时期都发生了很大的变化。宋代战争较多，马扎（胡床）作为一种轻便、易携带的坐具，受到广泛使用。马扎虽然使用起来方便，但它的缺点是不能依靠。为了弥补这一点，宋人对马扎进行了改良，在马扎上增加了靠背和扶手，使人可以靠着，即形成了交椅。

图 3-2-5　南宋《蕉阴击球图》中的交椅

（二）凳

凳是一种出现很早的坐具，凳与椅的区别在于无靠背，凳的种类和造型在宋代也有很大的发展。在宋代，凳子也被称为杌子。凳的形状多种多样，宋代的凳主要包括长凳、方凳、圆凳和月牙凳等。

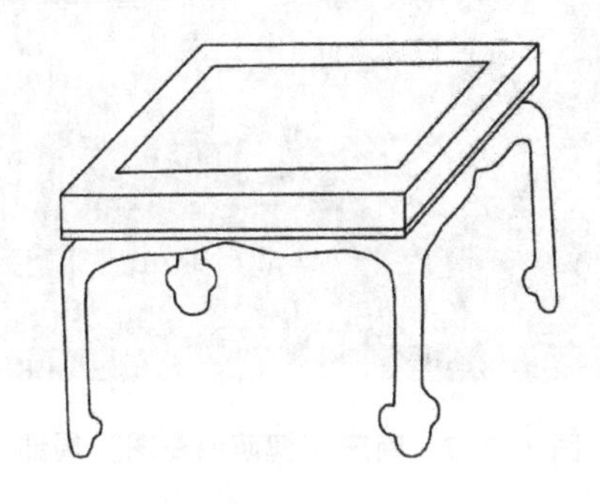

图 3-2-6　宋·佚名《勘书图》中的方凳

二、卧具

中国家具至宋代家具的发展，正式完成了从低坐到高坐的转变。受魏晋南北朝时期佛教传入、社会经济发展和外来文化交流频繁等影响，到宋代，高坐已经十分普及。随着这种生活方式的改变，家具也发生了根本性的变化，适应高坐的高大家具已经定型，成为人们日常生活中的常用家具。从东汉末期开始，经过魏晋南北朝，逐渐形成了低坐的方式，床、榻、桌椅等逐渐增高。基本逐渐改变了汉代跪坐的习惯和家具的造型。南宋时期，高大的家具从根本上普及开来，如床、榻、椅子、凳子等日常生活中到处可见。尤其是床具的造型演变和发展，突出体现了宋代人们生活方式的变化。

（一）榻

榻：狭长、低、近地。《释名·释床帐》中解释为："长狭而卑曰榻，言其榻然近地也。"其特点为无栏杆、无围子、一个平面，四足落地。榻一般较窄，适宜供一人睡卧，也有个别较宽。

图 3-2-7　南宋《槐荫消夏图》局部

（二）罗汉床

罗汉床的基本形制为三面围子，一面冲前开敞。最初的罗汉床是以休息、睡觉为主的；后来逐渐演变到明清以后，成为一个待客工具。如五代画家顾闳中的《韩熙载夜宴图》（图 3-2-8）所描绘的罗汉床，三面围子，一面开敞，床前设案，两人坐于床内观看歌舞表演，图中能够清晰地看出罗汉床的样式与装饰，造型简洁，三面围子上为山水画作装饰。再如宋人《维摩图》（图 3-2-9）为我们提供了一个非常细致精到的罗汉床例子，无论是结构还是装饰，画中都做了细致的描绘。该罗汉床三面围子为攒框装板做，素混面起双阳线，边框内子框起脊纹和边框的一条阳线交圈。边框转角处用委角，子框和边框用大格肩榫相交。前设脚踏，整个罗汉床显得端庄古朴。

图 3-2-8　五代顾闳中《韩熙载夜宴图》局部

图 3-2-9　宋《维摩图》

三、承具

宋代承具主要有桌、案、几等。

(一) 桌

宋代以前，人们所使用的承具主要是几、案、台等家具。在垂足而坐成为主流之后，高型家具的使用越来越多，桌子成为主要的承具，逐渐取代了过去的几、案、台等家具，桌子的种类越来越齐全，功能也越来越丰富，有条桌、方桌、矮桌等形式，出现了经桌、供桌、琴桌、书桌、酒桌、棋桌、画桌、茶桌等品种。但是，桌子的概念经常与案、几等相混淆，桌子的造型和样式与案、几也有很多相似之处。这种影响即使到了今天，仍然可以在桌子的造型中看到。由于历史的原因，研究者经常将桌与案、几相混淆。在本书中，我们将桌腿和支撑面垂直于桌子，脚在支撑面的四个角处的家具称为桌子。

尽管桌子的概念在宋代并不明确，但在今天看来，到了宋代，桌子在造型、结构等方面已经越来越完善，装饰手法也越来越多样化，除了髹漆、螺钿、镶嵌等手法，束腰、花腿以及各类线脚也大量运用。

宋代桌子从结构上划分，可分为框架型和折叠型两大类，框架结构是最为常见的。桌子的框架结构在宋代已经发展得十分成熟，在后世一直被沿用，从出土的一些实物以及传世绘画中，我们可以看到这些桌子的框架结构与传统建筑中房屋的木构架结构十分相似。宋代的桌子高度有所增加，桌腿、枨、牙头、牙条、卡子花等部件组合十分合理，装饰也十分美观。宋代桌子根据桌腿的不同可以分为粗腿桌、细腿桌、花腿桌三种。

图 3-2-10　甘肃武威西郊林场西夏墓出土木桌

图 3-2-11　南宋《蕉阴击球图》中的细腿桌

（二）案

古人以席地而坐为主的时代，承具一般比较矮。到了宋代，承具的高度普遍有所增加，案、几的高度也逐渐变得与桌子没有区别。宋代的案种类丰富，并且这一时期的案、桌、几、台等家具关系复杂，很难进行严格的区分，我们将宋代的案主要分为四类：箱型结构、足离承面四角较远的承具、有织物垂至地面的承具、有矮足、近于托盘的承具。

图 3-2-12　南宋《春宴图》中的双拼式大食案

四、皮具

（一）箱、盒

今天看来，箱与盒的区别主要体现在大小上，一般大者为箱，小者为盒，它们还有函、匣、奁等称呼。以尺寸分，大些的是柜子，小些的是匣，再小些的是椟。可见，柜、匣、椟已是当时的储物家具。然而，文字在发展过程中，开始并不太明确，如对于前述柜、箱、匣、椟的区分就往往比较混乱，但随着时代的发展，这些名词的含义也逐渐明朗起来。当时与箱相配的词还有箱笈、箱笛、箱箧、箱笼等，宋代的箱盒大多做成盝顶型，这种箱盒呈方形（或长方形），体与盖相连，盖顶向四周呈一定角度的下斜。例如，笔者收集到河北宣化辽墓壁画中的箱盒有 20 件，而属于这种盝顶型的占 88%。有的宋代箱盒的棱角处还以铜叶或铁叶包镶，以求坚固与美观。

(二)橱柜

宋代的橱柜造型更加简洁，功能上更加实用，橱柜中增加了抽屉，使用起来更加方便。南宋佚名《蚕织图》中，就绘有妇女将织物放入橱柜的场景，画中的橱柜造型简洁，被放在一张大桌子上（图 3-2-13），橱柜的结构为框架结构盝顶式，橱柜为两开门，内部有两层，柜子的腿部装饰着角牙，这种样式在明清时代仍然较为常见。

图 3-2-13　南宋《蚕织图》局部

五、其他类

(一)屏具

屏具指的就是屏风，一种用来遮挡和分割室内空间的家具。到了宋代，屏风已经非常普及，屏风不仅在室内使用，被用来挡风、装饰室内，甚至在户外环境中也可以使用。宋代屏风在造型和装饰上更加丰富多彩。

例如，宋代屏风底座除了过去的墩子，还有了桥形底墩、桨腿站牙以及窄长横木组合而成的屏座，屏风的造型和种类到了宋代基本确立下来。

图 3-2-14　宋·马和之《女孝经图》中出现在户外的屏风

（二）架具

架具到了宋代发展出很多种类，满足了人们日常生活中的各种需求，按功能来分，宋代家具可分为灯架、衣架、巾架、镜架、盆架、炉架等，种类十分齐全。

宋代的照明方式主要是灯油和蜡烛，点灯需要用架子来支撑，因此产生了各种各样的灯架。灯架有放在桌子上的，也有放在地面的。灯架造型十分丰富，最普通的是直杆形，此外还有 S 形、树杈形以及一些仿生的造型。灯架下方有底座，灯架底座形状有十字形、曲足形、平底形等。

镜架是一种用来支撑镜子的家具，在宋代也叫照台，一般是 H 型，镜架在宋代常被作为女子的嫁妆。

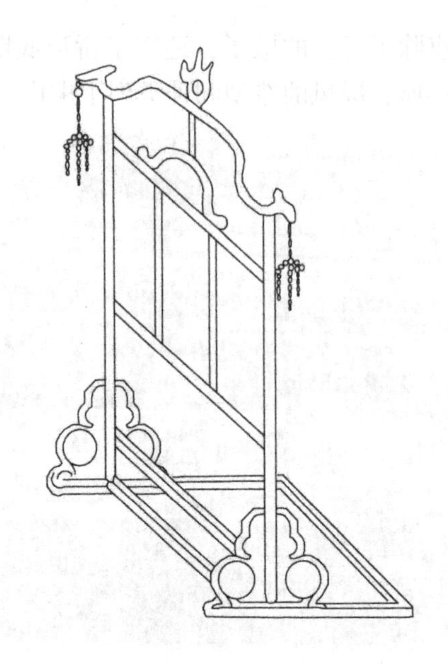

图 3-2-15　南宋《盥手观花图》中的镜架

第三节　宋代家具的工艺、材料、装饰

一、宋代家具结构工艺

宋代家具的造型与唐代有很大的不同，崇尚简洁，注重实用功能，宋代家具风格在宋代绘画中有很多的表现。

宋代家具造型符合当时人们已经形成的垂足而坐的生活习惯，因此，宋代高型家具十分普及。北宋中期以后，高坐的生活方式变得十分普遍，高型家具也更常见。不过，矮型家具并没有消失。低矮家具一直到清朝依然被人们所使用。宋代家具的结构，模仿的是当时的建筑结构，并通过更合理的构件组合和榫卯设计，使家具造型更加多样化。宋代家具高度更高，稳定性更强，合理的榫卯设计节省了材料的使用，增加了坚固性，为多种多样的造型设计提供了可能。宋代高型家具在造型和功能以及风格上都经历了巨大的发展，在形制上已达到完美，功能也很健全，成为后世家具制造的基础。

宋代高型家具以其造型秀挺典雅、结构合理精准为主要特征。在制作中，壶门的结构已经成为造型，不再作为主要结构来构建组件，取而代之的是框架形式的结构，构件之间多采用榫卯和攒边等做法，将大的构件组合起来，不仅可以控制木材的尺度，还可以起到稳固结构和装饰整体的效果。加之宋代家具在设计时充分考虑到人体垂足坐的比例关系，在椅子的椅背和足承，桌案的横枨和侧枨等与人在使用时所能碰到的情况进行了细致的处理。将各种榫卯结构，按具体情况、所用位置的不同做了充分考虑，使得宋代家具在工艺上很严谨，造型上很优美，将实用功能发挥到最佳。

榫卯在宋代家具中的运用尤为重要。榫卯在现代汉语词典中解释为，榫头即相接处凸出的部分，卯眼即相接的地方的凹进部分。榫卯是一种结构方式，是家具部件之间的一种连接方式。它的出现对于家具的发展至关重要，榫卯最初是运用于建筑构造上，逐渐发展运用于家具中。榫卯按其手法的处理上可分为三种形式，出头榫、明榫和暗榫。出头榫出现比较早，它保留了大木梁架的建筑样式的特征，做工粗糙，用材较大。明榫从手法处理上显得细致许多，榫从卯中穿过与面上平行，外观可明显见到榫头，使用很方便，稳固性较好也易修理，但外观效果不是很完美。暗榫是在明末清初时期开始运用，外观整体效果美观大方，但稳定性和耐久性上略微差些。宋代家具中明榫的用法是最常见的，南宋《盘车图》和《征人晓发图》中的桌与凳都运用了榫卯结构，从表面可以清晰地看到榫卯的印迹。山西高平开化寺的壁画中有一描绘四个榫卯眼的长凳。另外在《清明上河图》中也有不少能直观看到的榫卯结构痕迹的桌椅板凳等家具。从这些画中我们可以看出在宋代市井生活中榫卯的运用已经很普遍了。在榫卯结构的基础上，宋人又创造了夹头榫的这种结构，它的具体做法是：在四腿上端开口，嵌夹一条横木（牙条）。在嵌夹的地方，牙条上要做出牙头，借以加长腿足与牙条的嵌夹面，使结构更加稳固。它的产生不仅解决了桌子的稳定性，而且使得桌案在正面使用时不再受横枨的影响。应用典型的有南宋《蚕织图》《村童闹学图》以及《女孝经图》中的桌子，正面不再设横枨，都运用了夹头榫结构。这种结构样式的做法历经初级到高级的演变过程，一直沿用至今，明代在此基础上又发明了插肩榫结构，他们的运用实现了家具在使用功能和外部美观的有效结合。攒框装板技术的应用是宋代家具结构制作中的另一常见技艺，主要用于门窗、桌案面及椅面等家具板面的处理，大都以四面做框架结构，中间嵌入板心，四周边框相交处用格角样卯合，板心以穿带固定，使板材不会因过薄而断裂变形。这种手法的成熟应用使得家具在制作上改变了以往家具用料粗大笨重、制作费时费工的不足，进而使得家具在结构上更为合理、使用上更为方便、造型上更为多变，进一步促进了高型家具的定型和普及程度，使得宋代在家具制作上有了根本的改变。榫卯结构的广泛应用和攒框装板技艺的成熟，使得宋代家具整体上变得轻盈精巧，稳固方便，凸显了宋人清新淡雅的审美意趣，进而趋向秀挺雅致的家具造型风格。

宋代家具结构上的科学性和装饰上的多样化，无论在制作技术和审美意识上，都有极其精湛的工艺价值和极高的艺术欣赏价值。两宋时期梁柱式框架结构已流行，桌案的腿面交接开始运用牙头装饰，一些桌面下还制有与牙头相间的束腰。有的牙条向外膨出，腿部弯曲制成了向内勾或向外翻的马蹄状，装饰线型也较多地出现。同时，宋代家具板面已采用格角榫和“攒边”的做法，科学地解决了大面积板面的胀缩变形问题。宋代保留的高级家具仍然十分华丽。漆饰方法有俄金、描金、填彩、犀皮、雕漆，有些家具还镶嵌螺钿等。这些高级家具仅供少数富人享用，但真正宋代风格的家具也已走进寻常百姓家了。

宋代家具在制作上也有不少变化，开始使用束腰、壶门、马蹄、蚂蚱腿、云兴足、莲花托等各种装饰形式，同时使用了牙板、罗锅枨、矮佬、霸王枨、托泥、茶盅脚、收分等各式结构部件。宋代出现了新兴家具“高桌”。高桌形式不一，有的吸取了大木梁架的造型和结构，成为无束腰家具，有的吸取了门床门案和须弥座的造型与结构，成为有束腰家具。流风所及，束腰在他种家具上也纷纷出现，到南宋已和无束腰家具渐成对等之势。在明及清前期家具中，无束腰、有束腰更是普遍存在，形成了两大体系。面对这时期的实物，如果我们看清楚它们的造型，进而溯其渊源，就会认识到何以会形成如此的造型，从而能够探索到家具造型的一些规律。无束腰高桌渊源于大木梁架。梁架的柱子多用圆材，直落到柱顶石上。

壶门在宋代由多个并列简化到一个单列，而壶门轮廓的曲线形式则是由单一到繁复，又由复杂到简单这样发展而来的。最初壶门台座上的壶门开光上面的轮廓线呈向下翻卷并左右对称的锯齿状，左右和下部轮廓线呈向内收的弧线。当略去底托后，下部两个角端变成放大的足形末端，上部轮廓线依然保持锯齿状，也有足端开始高高翘起，卷成叶形或云头形。当平列壶门减成单壶门时，壶门开光上面的轮廓线也从锯齿状简约并美化成中央向上出尖，两边下垂出弧线，到接近两个角上时，向下出尖，再出弯向下直落到蹄足上，宛若卷起的帐幔那样富有韵律性和动感的流畅曲线。这样，美丽的壶门轮廓线已经形成。尽管壶门台座、壶门床、壶门桌逐渐被淘汰，而牙条及腿足上的曲线形壶门轮廓线却流传下来，并对后来明清时期的家具牙条曲线和腿足曲线的发展产生了极其深远的影响。

为了稳定，柱子多带“侧脚”，下舒上敛，向内倾仄。柱顶安踏头，并用横材额枋等连接。再看无束腰高桌，实例如河北巨鹿北宋遗址出土的一件，腿足也用圆材，直落地面，无马蹄，带侧脚，上端有近似踏头的牙头，安横枨，和大木梁架的造型及结构基本相同。有束腰高桌渊源于门床门案和须弥座。唐代门床常见于敦煌画。门案如《宫乐图》中所见，它们都是四面平列门。从早于唐的云冈北魏浮雕塔的塔基，到晚于唐的王建墓棺床，须弥座都有束腰。须弥座束腰部分也往往平列门，和门床十分相似。宋代家具大都可以归入“无束腰”“有束腰”两个体系，弯腿多在有束腰的家具上出现。束腰指位于桌面板边框和牙条之间向内收缩进去的部分。

家具的束腰源于须弥座。须弥座早期可见于魏晋隋唐时期的雕塑壁画，宋代作为建筑的台基被广为采用。须弥座的束腰指座中间收缩，有立柱分格、平列壶门的部分，较宽阔。宋代的垂足而坐的生活方式导致桌子高度的升高。高桌为了便于使用，下部必须留有足够的空间。高度既增，便容易摇晃，产生结构不稳的矛盾。解决矛盾的办法，除用托泥外，只有在腿足的上端加强连接。因此，束腰的移植只能把它放在高桌的上部。这样既不占下部空间，有利于使用，还可以解决结构不稳的矛盾。有束腰高桌，尤其是高束腰式的高桌，和须弥座的造型是如此之相似，只要把它们并列在一起，便立即能看到它们之间的密切关系。由此可以断言，北宋时期在家具上出现的束腰，是从须弥座移植过来的。

马蹄腿是宋代家具中采用最为广泛的一种腿型。它的下端宛如一只向内兜转的马蹄，中段垂挺，上端向内弯转和牙子连接。总体像一匹骏马的前腿，习惯上这种腿就称为马蹄腿。在宋代家具中马蹄腿多用于桌、几、床、榻。现代它的应用已扩展到各类家具之中。模仿动物腿型是各时代家具设计的一种共同特征。束腰马蹄腿是由隋唐时期及更早的箱形床和须弥座演变而来。马蹄腿本身的造型要点是马蹄内翻，方形断面的直腿延至下部处，两个外侧面内收并逐渐变弯。马蹄腿与其他构件的配合要点在于其上部需有牙子将他们相互连接。表面齐平牙子应随腿形而起伏，并且其所有外露表面通常都与腿的表面齐平，这样构成的体态不但流畅，而且显得端庄健壮。牙形简洁，马蹄腿本身以简洁取胜，牙子亦需轻巧，才能与之协调，因此不宜繁饰，以免喧宾夺主。对于餐桌等高型腿因为稳固所需也可以在牙子下方配上角牙，牙间也可再加简洁的矮佬短立柱或卡子花。

中国家具的装饰，无论是单线浅浮雕、块面浅浮雕，还是中国传统家具上的各种镶嵌、彩绘，都体现着一种平面装饰趣味和线条感，而中国传统家具造型本身就追求一种线条感。这种特点在宋代表现明显，后来明式家具达到顶峰，宋代家具线条追求简洁优美，造型充满了线条的变化，从边抹、枨子和腿足等各种刚柔线条的有机组合，到装饰图案中各种直线和曲线的运用，使中国画线的艺术魅力贯穿于家具之中。此外，宋代椅子的靠背、搭脑和扶手所形成的线条也十分自然流畅，整体造型和谐统一，家具整体有一种线条的美感。明式家具造型丰富的线条更是刚柔相济，充满变化。相比较而言，明式家具的造型更加简洁、紧凑、主要构件薄而锋利，显得笔直有力，线条感更加明显。

具体来说，图 3-3-1 和图 3-3-2 中的两张椅子分别是宋代的玫瑰椅和明代的玫瑰椅，从中我们可以看出宋代家具和明代家具在结构上的关系。明式家具由于使用了硬木，造型显得更加优美，结构更为合理，但明代家具的设计理念是继承了宋代家具的风格。

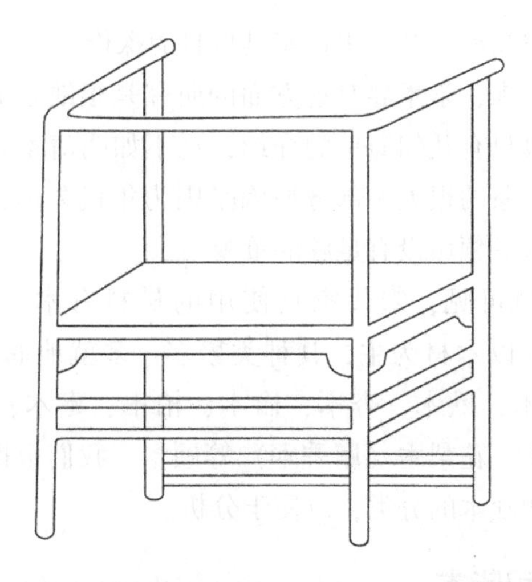

图 3-3-1　南宋张训礼《围炉博古图》中的玫瑰椅（折背样）

图 3-3-2　明代黄花梨玫瑰椅（清华大学美术学院藏）

二、宋代家具材料选用

宋代是中国高坐家具发展的重要阶段，缺少此时的积累，明式家具的繁荣也就无从谈起。因此，宋代家具是中国家具研究不能回避的重要课题，而对它的研究又离不开对宋代家具材料的探析。

然而，长期以来，学术界对这方面的研究是很缺乏的。很多论述提到宋代家具材料一般只有几句简单的介绍，远不如明清家具的材料研究那么详细，造成这种现象的很大一部分原因是因为年代久远，资料缺乏。而这也造成了人们对这一领域没有足够的重视。

据目前的资料可见，宋代家具使用的材料有木、竹、藤、草、石、玉、陶、瓷等，并以木材为主，其种类繁多，多就地取材，其中有杨木、桐木、杉木等软木，楸木、杏木、榆木、柏木、枣木、楠木、梓木等柴木，乌木、檀香木、花梨木（麝香木）等硬木，我们根据木材的软硬性能做了软木、柴木和硬木的分类，以便于分析。

（一）软木和柴木

杨木在我国北方较为常见，杨木木质细腻，易于加工，在我国历史上一直是建筑和家具常用的材料。宋代的家具也大量使用杨木，用来制作箱柜、屏风、盒、架等家具。比如山西大同金代阎德源墓中出土了杨木屏风与家具等。

杉木，也叫“沙木”，主要在南方种植，种植广泛，品种丰富，有白杉、赤杉、水杉和柳杉等，杉木的质地较软，韧性强，同时耐腐蚀，很适合做家具。杉木在宋代被广泛使用，因此，杉木在南方被广泛种植，成为南方代表性的树种。据福建《建宁府志》记载，朱熹在福建建瓯讲学时，居住地周围就有“绕径插杉”的现象。南宋袁采有过记述：“今人有生一女而种杉万根者，待女长，则鬻杉以为嫁资，此其女必不至失时也。”

北宋苏轼曾在《秧马歌》中所谈到的秧马，是一种用来插秧的工具，它的外形像一只小船，底部较宽，可以防止它在泥水中下陷，人可以骑在上面，用两脚撑行。这种工具使用起来十分方便，使人们在插秧时不需要弯腰，能减轻人的劳累程度，并提高工作效率。

榆树主要产于北方。这种木材质地坚硬，韧性高。它用于制造家具、车和船只。它也是一种广泛使用的木材。枣树是较硬的树种，主要种植在黄河流域。木材坚韧，质地好，坚固耐用。用于制作家具，家具不易变形开裂。榆树和枣树的这种特性使其适合成为当时秧马材料的首选。这种材料滑过泥水不仅方便，而且稳定耐用。至于泡桐，其材质较轻，密度小于

0.35，但生产速度快，锯刨后光滑平整，也容易上漆。它轻巧实用，可用作贴面、衬垫，用于制作盒子和橱柜。古代工匠也用它来制作棺材和琴、瑟等乐器。

楸树是一种落叶乔木，主产于黄河流域，南方也可见。楸木呈金黄色，质轻而坚固，质地细腻，木质致密。用它制成的家具不易变形。它具有防潮性，可用于造船。与桐木相比，它的密度稍重，但与榆木、枣木等柴木的密度相比，它被认为是更轻的。由于其独特的材料性能，可以在楸枰之上发出金石的声音，因此深受棋手的喜爱。

梓木和楸木外观相似，古人常将两者混淆，还有将楸木称为梓桐的。梓木被广泛用于宋代的建筑和家具。它生长迅速，并在广泛的区域生长。黄河、长江流域均有种植。它是我国历代最常用的木材之一。在古代，木匠被称为"梓人"。这些都与梓木不可分割的性能和特点密切相关。楸木的硬度介于软木和柴木之间。其质地美观、耐腐，不易开裂和拉伸，刨光表面光滑有光泽。它适用于雕塑。用作橱柜时，可用于书桌、橱柜、架子和一些由细木制成的装饰件。

杏木也是当时的家具良材，其产地以黄河流域为主，基本比重为0.57，最大可达0.66。结构细匀，质地好，胀缩性小，耐磨蚀，是富贵人家选用的家具材料。例如山西大同金代阎德源墓出土的扶手椅、榻、屏、巾架、茶几、盆架、炕桌和琴座均为杏木制成。另有两件长方桌，一为杏木所制，一为榆木所制。

自古以来，楠木就被用于建筑、家具和船只。楠木种类繁多，分布于云南、贵州、四川等地，气味芬芳，质地细腻，质地坚硬。在先秦时期，它的分布比今天稍微偏北，唐宋时期更多地分布在今天的四川地区。宋初制作的木盒，1956年在江苏苏州虎丘岩寺塔中出土，外表虽有彩绘，但主要部位的接缝处镶有金银边，并用小钉钉牢。然而，盒子的主体由楠木制成。楠木此时也被用于制作高端棺材。例如安徽合肥包拯墓的棺材就是用楠木制作的。2003年，安徽合肥经济开发区习友村北宋墓出土了一整块楠木棺。

（二）硬木

宋代家具虽然多以软木和柴木就地取材制成，但也有硬木家具的历史记载。檀香木也被使用到了一定程度。当时，花梨木在福建泉州很常见。泉州是当时重要的对外贸易中心。本地使用这种进口红木型“麝香木”做家具已十分常见。在今天所见的实物宋代家具中，虽然还没有发现硬木家具的遗迹，但根据文献记载，结合画中所描绘的一些家具形象，可以想象这些硬木家具是开发出来的，但是由于年代久远，即使是硬木家具也不容易存放到现在。

20世纪70年代，浙江瑞安惠光塔出土了北宋经函。它们是用檀木制成的，但由于收藏和研究机构的工作缺乏深入的进展，所以不知道是什么类型的檀木，它有可能是硬木。此外，笔者认为，在未来的考古发现中，还会发现宋代硬木家具，填补寻找宋代家具的空白。

(三) 竹、草、藤

除了木材，竹、草、藤等天然材料也是这一时期家具生产中经常使用的材料。一方面，它们物美价廉，是下层人士常用的摆设材料。另一方面，它们也是宋代文人墨客和僧侣最喜欢的家具材料。生活和兴趣也是一种特殊的影响。

竹子是宋代家具生产中使用最广泛的材料。竹子的生长期很短。有淡竹、水竹、刚竹、苦竹、青竹、桃竹、毛竹、紫竹、楠竹等200多种，尤以长江流域及湘南、鄂皖、浙江、福建、广东资源丰富。

竹家具分门别类，各有特点，优点很多：第一，夏天给人一种清新的感觉。这种感觉来自触觉和视觉，例如，大多数竹子都呈绿色，看起来很凉爽。第二，给人以质朴之感，竹制家具保留了竹子原有的自然质感，具有返璞归真的美感。第三，是一种耐用的绿色材料，可使用三四年，被砍伐后可快速再生，有利于环境保护。第四是品种多，其质地、颜色、厚度可以为人们提供多种选择，更能满足人们多方面的需求。第五，竹制家具因其成本低、可塑性强而更受人们喜爱。竹子自古就被用来制作家具，例如，早在《尚书》中，湖北荆州的竹制品就被列为当时的名特产品。

由于竹家具的这些优点，我们可以看到，有的明清家具直接模仿竹家具的造型和结构特点，有的甚至工艺精湛，形象地模仿了竹家具的一些精妙之处。

在宋代，上述趋势更为明显。文人唱竹，画竹，以竹拟人。无论是上层阶级还是下层阶级，对竹制家具的热爱都有很深的思想基础。大约在这个时候，学者们开启了“爱竹”的新境界，一些人将竹材变成了书房中优雅的器皿。

竹子也被用来制作竹夫人。此物在唐代称竹几，宋代称竹夫人、青奴、竹奴等。在中国的许多地方，夏季炎热，竹夫人被广泛使用。人们取一整块竹子，从中间穿过，在周围打孔；或用竹条编成空心圆柱状，四周套上竹网。这些都是基于“弄堂穿风”的原理。在炎热的天气里，竹夫人被放在床垫之间，用来消暑。人们可以拥抱并把脚放在上面。如果白天用冷水浸泡，晚上降温效果会更好。

三、宋代家具装饰艺术

对于大部分宋代家具来说，纯装饰的部分并不多，这在宋代文人的家具中体现得尤为明显。当然，此时家具的一些结构部分，虽然具有结构和造型意义，但实际上体现了更高的装饰水平。以桌子为例，虽然它的一些结构部件组合起来，使桌子坚固耐用，但有时它们很简单，没有任何装饰。但它们的有机组合往往能产生独特的韵律美，这自然是家具装饰美的一种类型，而这种装饰美也影响到后来的明式家具。在承重和坐式家具的装饰中，宋家具与明家具所达到的功能与形式统一的程度，是那么的“亲密”。因此，自然朴素的理念不仅影响着宋人，也影响着明人，正是文人对这两个时代所特有的装饰美的态度，使宋代家具和明式家具如此成功。

不可否认，宋代的一些家具装饰也是为了装饰。这样，装饰的象征性、展示性和炫耀性功能成为主体，此时主要表现在皇家家具、贵族家具和一些佛教家具上。宋代家具的装饰与材料有关。普通材料制成的家具一般比较实用，装饰性较差。另一方面，高档材料制成的家具则以功能为基础，进行适当的装饰。宋代家具虽然有一些错综复杂的装饰，但总体上还是比较简洁的。一方面来自于学者的审美观念。另一方面，这也与当时政府提倡节俭有关。比如宋太祖不奢靡，崇尚简约，讲究造型。与唐代相比，宋代家具的装饰元素有了新的变化，为日后明式家具装饰的丰富变化奠定了基础。宋代家具装饰的典型特征是与牙头、牙带、券口、旧庭、爪花、茅草、泥托等结构件密切相关，使家具坚固耐用，并适当装饰。腿脚是宋代家具最重要的装饰。我们在明清家具中所熟悉的三肘爪、花爪、云爪、蜻蜓爪、波浪爪、琴爪、马蹄足，都是宋代传下来的。在牙头牙带的装饰中，云纹、水波纹、如意纹、几何纹和壶门饰各具特色，这些都是后来明式家具的主要装饰纹样。此外，这一时期明式家具中经常出现的卡子花，以瓶形和四瓣纹的形式出现，雕刻手法为浮雕或镂空。

造型作为明式家具的一种重要装饰方法，是许多装饰线条和凹凸面的总称，主要用于腿部和外缘。从北宋开始，家具上就出现了装饰线条。例如河北巨鹿出土的北宋木桌的棱角处有凹线，说明线形角的使用在此时已成为家具装饰的重要形式。当时的家具造型乍一看还比较简单。它们只不过是平面、凸面和凹面，纹路无非是阴阳。然而，仔细观察却发现发生了具体的变化。剑脊棱、冰盘沿、三棱线等造型的发展探索了家具造型的丰富性。因此，在未来发展的明式家具的线条上，人们可以品味到自然流畅的运动，如香线、捏角线等线条，简洁、清晰、饱满，增添了一种韵味。此外，除了宋代桌、四腿椅的方圆款外，还出现了马蹄形的腿。

镶嵌也是宋代家具装饰的一种手法，如《十八学士图》（图 3-3-3）中填嵌大理石的画案、内蒙古宝山辽墓壁画上以蓝色石材填嵌的条桌也反映了这种装饰，而明式家具中这种手法被运用得更为成熟。

图 3-3-3　宋《十八学士图》中填嵌大理石的画案

宋代家具虽然大体上趋于方正、简洁，但这不排除有些家具在装修上做工差、铺张浪费（这种情况历代都有，明代也不例外）。此外，一些富裕的贵族家庭还用“滴粉销金”“金漆”来装饰他们的家具。在现存的宋代家具形象中，《宋代帝后像》中的一些椅子的装饰极其繁复、美观。《六尊者像》（图3-3-4）《张胜温画梵像》《罗汉像》等宋代绘画中的一些佛教家具也讲究繁复的装饰。虽然这些家具的审美倾向与宋代家具的主流格格不入，但它们对这些复杂工艺的浸染和熟练技术的积累，无疑为明式家具未来的发展奠定了坚实的基础。

图3-3-4　宋《六尊者像》局部

第四节　极简美学——宋代家具风格

宋代家具的审美风格深受文人品味的影响。在宋代文人的审美观念中，天工清新的美无疑具有至高无上的地位，对平淡美的大力捍卫成为文人的审美潮流。这一时期出现的理学，是道教和佛教对新时代儒学的渗透而形成的新儒学。新儒家虽然在本质意义上鄙视器物的具体设计，但也正是因为它的流行，严谨、质朴、典雅、朴实、含蓄的哲学理念成为许多学者自觉追求的美德。宋代家具在观察家具等实物，用心指导其设计和制作实践时，自然达到了一个比较纯粹的层次，艺术境界也有所提升。正是这些形而上的内容，最终创造了宋代家具在审美观念上的辉煌。

具有这种审美情趣的文人墨客，在生活用具的使用上，自然而然地将这种审美风格巧妙地体现出来。简洁大方的家具在南宋时期逐渐成熟，顺应了审美思想的发展趋势。这种风格的家具在南宋绘画中的形象一直流传。

一、“器以藏礼”的理性形制

祭祀祖先的仪式和典章往往被认为是“礼”，随着社会发展及认知的变化，“礼”逐渐成为以等级为特征的行为规范，它以血缘为基础，渗透到各类社会生活领域及人伦关系之中。为了实现“养德、辨轻重”等伦理功能，人们日常生活中的起居、礼仪等都需要有特定样式界定的家具。比如在尺寸、数量、形式和色彩等方面的等级划分。宋代对礼仪的重视并非只停留在法典图籍中，还融入衣食住行的日常生活中，使得家具呈现出程式化的构制形式。宋崇宁二年，北宋颁布了建筑设计和施工的官方规范《营造法式》。作者李诫查阅了《木经》等大量文献资料，并调研了相关的构件形制及加工方法，基于建筑的等级制度和功能标准，对建筑的样式规范、色彩材料、施工定额和艺术风格等进行严格的限定。

宋代家具的结构形式由前朝的箱形结构转变为梁柱式的框架结构，不但各部件之间的连接更加契合巧妙，使得家具稳定牢固，此外程式化的样式还体现出秩序工整之美。宋代家具外观多以方正矩形为主，即使局部出现曲线，都严格控制尺度比例和位置关系。虽然过多的规范制约使宋代家具有些生硬，但这也正是宋代家具伦理审美的魅力所在。

二、自然简洁的设计原则

宋代经过了五代十国后的民族文化的大融合，其传统审美文化得到了巨大的转变和发展。文人极为推崇道家的审美学说，并对家具设计等产生了深远的影响。庄子的“重神忘形”，老子的“静观”审美思想在当代设计领域的体现就是“负设计”或者“极简设计”。即通过对日常生活、自然物象采用白描式的表现手法，使得被描绘的对象带有浓厚细腻的主观情感。宋代文人审美观念呈现出适宜性的设计倾向，改变了隋唐丰腴浓艳、热情奔放的审美特征，是东方伦理智慧在地域设计中的体现。宋代文人重视对家具的设计与制作成为一种时尚，而无功利性的设计使得文人家具的造型没有过多的雕琢，其设计气韵生动、细致入微，线条如书画笔法一般自如洒脱，呈现出淡泊清静、简约质朴的审美情趣。在中国的传统艺术中，对外表不做过多的雕琢，追求内在本质美，被视为最高的艺术体现。宋代文人认为艺术应该上升到自然求真的境界，因此在宋代家具的造型风格、结构装饰、材质工艺等方面，表现出一种崇尚自然、顺应自然、亲近自然的思想倾向。宋代文人不是简单地描摹自然，而是借物抒情，托物言志，呈现出一种“物我一体”的审美意境。另外，宋代文人独特的审美感悟来源于儒家、道家和佛教的综合影响，加上商业和市民文化的发展，比前朝更增添了一种清新雅致的生活情趣，缘物寄情、借物抒怀、寄意造物成为文人精神和情感寄托之所。也造就了鉴赏宋代文人家具就像品味宋词一样，形简意赅，气韵生动，韵律委婉，意味深长。

三、质朴而精微的设计美学

宋代是中国高型家具发展的关键阶段，高凳、高椅、高桌、高几、高案、高榻、高架等种类和样式日趋丰富，垂足而坐已被社会广为接受，生活方式和生活观念对家具形态的改变产生重大影响。宋代平民文人进入士大夫阶层，不但提升了文人群体的社会和政治地位，而且在社会生活和流行文化中也掌握了风向标和话语权。迎合文人意趣的宋代家具表现出简约质朴、意蕴生动的审美特性，其使用功能与日常生活联系更加密切。生活观念的变化带来了新的审美情趣，在日常生活的细微之处，体现出隐藏的道理，并将其充分地表达出来，成为宋代文人参与家具设计与制作的必备条件。在宋代文人的影响下，家具除了满足实用功能外，还对以生活为主导的多元化审美提出了更高的要求。

宋代家具外观挺秀刚直，线型部件之间尺度比例严谨，位置和形状经过深入的推敲；文人热衷于参加设计实践，并将自身赏玩的观念和技法融入设计中，琴棋书画、诗词歌赋、焚香插花、赏鉴古玩、品茶论道等都成为家具设计的内容和素材。整体造型呈现出和谐、洗练、不事雕琢的自然美以及幽雅、朴质的艺术美，使得家具的美学水准和艺术品位得到了提高。宋代文人非常热衷于对家具形式、尺度、质料、结构、技艺的探究，并加以总结。史料记载不同的文人针对家具有不同方向的考究，有的推敲形制并绘制出图文样式；有的则钻研抽象知识并形成理论著作；更有甚者亲自设计并参与加工。制作家具不是文人的谋生手段，他们将之作为闲赏的生活方式之一，以表达对艺术、情趣以及精致生活品质的追求。这种从日常生活的视角出发，崇尚设计细节的过渡性和创造性的智慧，使得文人家具的民俗美学更具实践意义。即使用现代设计的眼光来看，《燕几图》也表现出极高的设计意识和理性智慧。

四、讲究工艺与材料的创新

宋代文人注重家具的美观实用和简洁舒适，使得家具上的纯粹装饰并不多见。审美精神引导了材料选择，而材料特征决定了加工工艺和装饰手法。其中比较突出的是雕漆工艺，据《髹饰录》记载，雕漆工艺源于唐代，在宋代得到了重大的发展。“剔红”和“剔犀”技术在宋代已相当成熟。具体做法是将天然漆料堆砌到一定厚度，漆多以纯色为主，色彩朴素，是以木材本身的质感呈现，再用刀进行雕刻的技法。宋代文人家具很少见到大面积的雕镂装饰，局部雕刻藏锋不露、磨工圆滑，与牙条、券口、牙头、枨子和托泥等带有功能性的部件相结合，既加固了结构，又增添了形式美，局部点缀得到画龙点睛的效果。宋代家具由于有了文人的积极参与，其特有的生活方式和审美情趣必定会在家具这个载体中予以表达和体现，注定会赋予家具诗情画意的意境和表现力。家具的设计和制作中借鉴绘画的内容、形式和手法，乃至直接在家具上作画用以装饰。宋代文人家具上的绘画题材和工艺各异，包括漆画、瓷画、绢画和纸画等多个种类。家具造型、仪态因有了绘画更显高雅的情调和丰厚的文化，在很大程度上提升和丰富了家具审美意蕴。

第四章　宋代家具风格影响之后
——巅峰时期的明式家具

中国明代家具在设计和工艺上继承了宋代家具风格，并且走向成熟阶段。明式家具的概念与明代家具不同。一般来说，明式家具是指明中叶至清初时期用贵重材料制作的家具，带有明显的明式风格。

明式家具主要在以苏州为中心的江南地区生产和发展。直到清初，明式家具的制作工艺已经传到全国各地，形成一个家具流派。但只有苏州地区的家具代表了明式家具真正的风格。

明式家具被公认为中国古代传统家具中最完美的代表，它将文人审美与工匠精神有机结合，在实用与审美之间取得完美平衡，成为造型艺术与材料科学、人体工学高度融合的成功典范。明代家具是中国古代文明中的一项杰出成就。

第一节　明代的家具流派

一、家具的地域性特征

中国自古以来是一个幅员辽阔、历史悠久的多民族国家，各个地区由于不同的地理环境和文化积淀，创造出不同的文化特色和物质文明。家具作为日常生活的重要组成部分，不仅在各个历史时期的演进中强化了生活上的功能，而且在特定的环境中形成了不同的地域特色。从中国传统家具造型风格的演变中，我们可以解读出不同时期的文化观念和审美风格。所谓地域性，其实就是受到不同地域地理的、民间的影响，以及地域历史所沉淀的文化印记。在某种程度上，地域比国家和民族更窄或更具排他性。例如，中华民族虽然具有民族性，但其南部、东部和西北地区各有特色，比较有辨识度，苏州和北京的家具外观和装修都会有所不同。区域差异的形成主要体现在两个方面：一是特定自然环境条件的影响，二是地域所形成的文化历史环境的影响。各地的工匠们根据当地的气候、文化和材料，设计了不同风格的中国传统家具。

（一）地理环境、自然条件导致家具的差异性

自然环境对家具的地域特征有很多影响。首先，气候和温度的差异，以及冷热四时的变化，影响着日常习惯，人们对家具的功能有不同的要求。比如北方地区的炕桌，就是配合坐在炕桌上的人。由于特殊的地理原因，当地人的活动大多在炕上度过，无论是吃喝玩乐，看书，甚至在冬天招待客人。炕桌具有体积小、重量轻，放在炕上可以随意移动，十分方便。夏季还可以将炕桌移至户外，形成北方人独特的生活习惯。明代是炕桌的辉煌时代，炕桌的用料、做工也讲究，成为明代家具中不可忽视的品种。不同地区的自然资源对当地材料制成的家具影响很大。西部地区气候寒冷，自然资源相对较少，取暖需求大。因此，往往使用土砖制成的炕。北方寒冷干燥，喜欢将毛毯之类的东西挂在墙上，有保暖的作用。南方人则不喜欢使用皮毛，一看到就会感觉热。北方人喜欢毛皮，耐寒，南方人喜欢竹制品，凉快。因为南方盛产竹子，形成了独特的“竹文化”家具。南宋时期，由于受南竹栽培的影响，家具的断面尺寸往往极小，逐渐形成了宋代家具素净、典雅的主要风格。

不同自然条件和社会习俗导致各地形成了自己的语言、习惯、价值观和审美观，这些都会影响家具的制作。从人的生物学特征而言，我国南方的居民普遍身材矮小，北方则身材较为高大。北方的家具结构比南方略显大气。除了物理特性，家具也有不同的个性。南方山势秀丽，家具精致柔美，北方山势辽阔，因此家具也相应地大、重、实、稳。关于家具的形状，有“南腿北帽”之说。南方地区潮湿多雨，所以要兼顾防潮、防腐等问题。家具还强调脚的形状变化，更加优雅。北方代表寒冷和开放，北方橱柜也讲究大、重。

（二）历史文化、生活环境所导致的家具的差异性

所有的习俗都是代代相传的。家具设计工艺也有世代传承的特点。由于各地区生活环境和生活方式的差异，审美观念也存在差异，从不同时期家具风格的演变，加上世代的积累传承，我们可以从家具的结构、材料和装饰中，看到一个地区文化积淀的痕迹，在历史发展的过程中，各地形成了自己的家具工艺特色和风格，其中以苏州、广州、北京制造的家具最为著名。

苏作家具是指产自苏州的家具。苏作家具制作历史悠久，是明式家具的原型。苏州地理位置优越，在历史上拥有繁荣的经济、发达的家庭手工业和浓厚的文化氛围。自宋代以来，苏州涌现出一大批优秀的古典园林，对建筑艺术和家具业有很强的推动作用。到了明代，大量士绅在苏州建造私家园林，这些园林不断被翻新和扩建，延续数百年。

此外，江南地区聚集了许多优秀的工匠，他们与文人共同参与家具的设计和制造。在各种因素的作用下，苏式家具形成了独特的工艺和风格。苏州园林中那些保存完好的家具，工艺精湛，有很高的美学价值，代表了苏州家具的最高水平。苏式家具风格与苏州园林风格相似，最大的特点就是造型轻盈，装饰简洁美观。苏作家具通常采用小面积浮雕、线雕、木雕等工艺，题材主要是文化名人、山水、花鸟、松、竹、梅等图案。

苏作家具款式大方，轮廓线条精致，用料考究。相较于硬木资源丰富的北京和广州，苏作用料考究：大型设备主要采用镶嵌工艺，混材为骨材和硬木精加工；小零件雕刻得更精致，在明式家具中表现出色，更具代表性。

广州地区制造的家具同样富有特色。广州因其特殊的地理位置，已成为我国对外贸易和文化交流的重要门户。两广是中国重要的珍贵木材产区，也是东南亚优质木材的主要进口渠道。明代葡萄牙人抵达中国后，大量西式建筑出现，形成前所未有的“西洋热”，需要全套设备。室内装饰和家具符合西方建筑艺术的风格。广东风格的家具受广东民俗的影响，喜欢用大料制作，不喜欢混搭。甚至一个小弯头和一个小楔子都是由一整块木头制成的。它改变了我国几千年来传统家具的原有格局，大胆地吸收了西欧家具的风格。在风格上，广式家具可以看作是中西合璧的风格，与以

往传统家具设计中的梁柱有所不同。框架和框架的建筑概念包括圆形、椭圆形、多边形、褶皱等，在功能上更加随意和舒适；装饰自由多变，雕刻、镶嵌、磨光、彩绘、彩绘极为讲究。这些工艺，在满足实际需要的同时，更具有观赏价值。追求视觉效果的欧式“洛可可”风格是广式家具的特色。S 型和 X 型的腿脚，藤蔓靠背和龙形扶手，体现出夸张、华丽的风格。

京作家具是指宫廷作坊在北京制造的家具，它不属于普通的民间家具，京作家具的用料十分珍贵，主要是紫檀、黄花梨、红木等硬木家具。北京是明清两代的都城所在地，汇集了全国各地的物质资料和人才。而明清统治者的审美趣味与文人有所不同。京作家具主要用于宫廷，因此它的尺寸较大，需要彰显皇家的气势；在装饰上，统治者追求富丽堂皇的奢华风格。因此，在美学上崇尚精致奢华的效果。明清时期的宫廷不惜花费大量金钱和材料制作家具，采用高档漆器家具，大量采用雕刻、镶嵌、镀金等工艺。装修华美，镶嵌多为金、银、玉、象牙等珍贵材料，是其他家具无法比拟的，其中也有一些较为优雅的作品，风格大致介于苏式和广式之间。清代京作家具比明代家具造型宽大，装饰更加华丽，与清宫的建筑与园林相得益彰。相比广式家具与西式风格的融合，京式硬木家具则吸收了漆器家具的传统和特色。从某种意义上说，京式家具比广式家具更富有传统文化内涵。

在新的科技条件下，对传统文化和地域文化的探索是寻求个体文化发展的有效途径之一。家具作为家居文化的主要组成部分，直接体现了使用者的文化追求和艺术品位。一个强大的民族必然会珍惜自己的民族文化，探索和借鉴前人的道路，在发现传统家具精髓的基础上，继承和发扬中华民族的优秀传统文化，使我国的家具设计成为一种新的设计。

二、明式家具体系的形成

明式家具与明代的“苏作家具”有很大的关系。当代学者认为，明式家具的起源就在苏州地区。然而，随着历史的发展，苏州的家具制造中心已不复存在。“苏作家具”的范围扩展到其他地区，明式家具不能简单地归为苏州家具，本书所讨论的明式家具区域范围不限于苏州古城，而是以苏州为核心的太湖周边地区，延伸至今苏州市、无锡市、吴江县、太仓县、常熟县、昆山县、江阴县、张家港以及上海和嘉兴。同时，明代南京显著的政治地位和行政区划也影响了明式家具的文化领域。因此，还要辐射到一些以南京为中心的地区，包括扬州、淮安等地区。

（一）地理因素

苏州，古称吴，简称苏，又名平江、姑苏，被誉为“丝绸之府”“工艺之肆”“鱼米之乡”“园林之城”“建筑之都”，地处长江三角洲的江苏省东南部，东濒上海，南邻浙江，西抱太湖，北枕长江。正是因为丰富的水资源，为水上出行及水上运输提供了众多便利，才能大大缩短明中晚期从海外进口的名贵木材，从广州到苏州运输的时间与周期，为苏作明式家具的设计与制作提供了有利条件。并吸引了大量的商贾及海外人士到苏州贸易。苏作明式家具才有机会作为文化载体被更多的人和海内外各地了解与赏识，在交流中吸取文化精髓、加工技艺的同时，又让苏作明式家具可便利地运输至全国及海外各地，为其走向世界家具史的巅峰奠定了基础条件。由于受苏州传统民居朝向、布局的影响，加之苏州地区多雨潮湿的特点，使得苏作明式家具在工艺及结构细节处考虑得更为周全。从前期资料的整合和分析中可知，苏作明式家具对加工用材有着严格的干燥程序与干燥时间，会反复进入蒸煮窑和平衡窑稳定木材的木性及含水率，来增加木材在后期制作及使用中的稳定性、牢固度。

此外，苏作明式家具在制作后期的漆艺加工上也特别重视。有山有水的地理环境加之温润多雨、四季分明的气候，为乡土树种的繁衍及森林植被的生长提供了良好的生存环境，使得苏州境内木材、石材、砖瓦、泥石等建材资源丰富，具有“山林水石之美”。苏州不仅有充足的木材、竹材资源，还有丰富多样的石材资源。苏州西南部的洞庭西山盛产石灰石，这里的石灰石纹理细腻，是用在台阶、石柱、石板上的好材料，经过高温烧制出的石灰，更是广泛用于人们的日常生活；产于太湖周边禹期山、鼋山等处的太湖石，极具“皱、漏、瘦、透”之美。

（二）经济因素

苏作明式家具的辉煌，不仅得益于山清水秀、气候宜人、物产丰富的自然环境，还得益于这一地区长期勃兴的商品、活跃的经贸、繁荣的经济以及高度城市化的进程。在唐太宗时期，苏州便飙升为全国重要的产粮区。到了北宋，为提高农民生产的积极性，苏州地方官吏将钱氏田赋亩税由起初的三斗改为一斗，粮食产量逐年上升，语曰“苏常熟，天下足”，另蚕桑、农蔬以及各种各样的手工艺制作也得到了蓬勃发展。到了南宋，随着帝都的南迁，苏州经济更是突飞猛进地发展，这里既作为蚕丝的主要产地，又作为绸缎、丝织品等生产聚集地，此时的苏州出现了“吴织衣天下”的昌盛景况。苏州正式成为东南的大都会，此后，便一直在全国占据着重要的经济地位。明代以苏州、杭州、南京等地为主的江南城镇经济更是欣欣向荣，相互带动，南北往来无一不从此经过。苏州人民吃苦耐劳，加之得天时地利优势，其发展成为了全国最富有的城市之一。苏州著名画家仇英的画作《清明上河图》更是将明代苏州城的生活情景淋漓尽致地再现——领着骆驼队的外国商人，街边忙碌的店家，人山人海的买卖人群，船只簇拥的桥头港湾。街巷的热闹，经济的发达，贸易的兴旺可想而知。明代，苏州种类繁多的贸易商品中，当然少不了家具的身影。冯梦龙在《醒世恒言》中就记载了一个专做细木工的家具店，“这家店店主名叫张权，是江西南昌进贤县人，从小便跟着匠人邻居学习细木工手艺，后搬到了苏州阊门靠手艺为生，在取了店名的家具店门口，墙上写了两行白色大字‘江西张氏精造坚固小木家火，不误主顾’”。从该小说描述的场景中不难看出，当时苏州的细木工家具已比较普遍，由于苏州家具产业市场较大，吸引了许多外省籍匠人纷纷聚集此地，交流经验、切磋技艺、招揽生意，从各地带来的家具技艺对苏州家具业的发展起到了一定的推动作用。这种情形的描绘还出现在风俗画《上元灯彩图》中，热闹繁华的古玩市场陈列着多种多样的家具，“品种有架子床、罗汉床、几、案、架、桌、椅、凳、花台、鼓墩等”，其中有些家具“似紫檀制作，并镶嵌大理石”。从画中家具交易场面可以看出，随着经济的增长，人们的生活趋于富裕，逐渐积累的丰厚社会物质条件让家具业得到快速发展，为苏作明式家具的销售及推广做好了铺垫。

（三）匠帮的形成

从南宋时期开始，苏州建筑和园林兴盛。长期以来，江南聚集了许多能工巧匠。南宋时期，在当时的手工艺服务体系下，许多工匠被召集到汴梁、临安参与建设。明初，中央政府从江南招募了大量工匠来建造南京、北京的宫殿。从事建筑活动的各类工匠队伍逐渐壮大，分工越来越细，逐渐形成了以地域和家族为中心的传承体系。在这一过程中，最终形成了苏州独特的工匠和工艺文化群体。其中，最负盛名的是“香山帮”。显然，工匠帮文化是在明代苏州香山区逐渐形成和兴起的。两个重要因素对此次推广起到了积极作用。首先，手工艺制度的放宽和手工艺匠人的自由流动是工匠帮文化形成的前提。其次，苏州的城市化进程催生了一批工匠，这是形成帮派工匠文化的必要条件。宋元时代以来，一直到明代，苏州逐渐取代杭州，成为东南第一大城市。繁荣的建筑带动了其他建筑行业的进一步发展，并为各个行业提供了许多机会。

不管香山帮还是地方帮，区域匠帮虽然是一个特定的小群体，但广泛地活跃在各个地区。明代工匠地位进一步提升，以地域为核心形成了各自的文化。例如，香山帮是苏州代表的工匠帮，其建筑技术代表了江南地区的地域传统。从整个建筑史来看，各地域之间的建筑差异往往比时代之间的差异更重要，地域特色会随着时代的发展而传承。由于交通、经济、文化等因素的优势，苏州手工艺的流传呈南北走向。一是建设活动范围将从中心经济区向周边地区辐射，但辐射范围有限。以苏州当地的香山帮为例，香山帮的形成和崛起，与明代苏州的经济实力不无关系。前文提到了宋朝南迁和经济南迁的历史因素，以及明清时期太湖盆地的经济中心一直都是苏州。苏州通过京杭运河与无锡、嘉兴相连，周边河流与常熟、太仓、昆山、松江等地相连，还可到达太湖周边的湖州、宜兴等地。在这个核心区之外，建设活动也在向四面八方推进，北至南京、扬州，南至杭州，东至上海，西至惠州。二是工匠帮的流动性将促进该经济区域的技术交流和融合；明代的苏州除了香山最负盛名外，还有一些小匠帮，如松江、无锡、上海等地的土工匠。

（四）文化传承

我国家具经历了不同历史分期和风格，其中宋代家具有着简朴醇厚的艺术趣味，并将儒家的中庸之道与道家的天人合一集于一体，表现出简约隽永的特点，并逐渐实现了功能、技术、审美的统一。宋代家具不仅是我国家具从席地而坐向垂足而坐的重要完成时期，更是在风格与理念、造型与结构、材料与装饰等方面为明式家具的形成起到积极推进作用并奠定基础的重要时期。

明代的思想的承接宋代有着更完善的有机自然主义，其积极重建了以儒家思想的价值观为主要内容，结合法家思想的国家管理方法、道家思想的生存观和自然观，并融合佛家思辨而形成了宋代主流新思想体系。这种新思想体系具体表现在审美观的发展上就是“隐逸文化”的成熟，家具作为一种实用的艺术表现形式，便成为文人借情于物的最佳载体之一。“隐逸文化”在包括大量艺术与造物内容的同时，保证了文人与士大夫对造物审美发挥的巨大作用。明式家具沿袭了宋代家具的设计思想，设计出的产品也由粗糙、单一逐渐变得丰富、精致、简雅。

北宋末年《宣和画谱》提出的“精而造疏，简而意足”，装饰的简洁恰与当时主流思想及文人对雅致、淡泊、超越世俗的追求相合，成为宋代家具审美的核心。到了明代，人们对尚古、求品味的追求使得梁柱式的框架结构代替了箱型壶门结构，靠背椅、圈背交椅及束腰类型的家具得到了快速发展，三弯腿、鼓腿彭牙等多样式腿足及复杂精致线脚的出现，为明式家具简练却不失圆润的曲线造型审美及装饰审美打下了坚实的基础，也在一定程度上促进了我国家具形制上的革新。明式家具富含了我国各民族大融合的文化精髓，是中国传统家具文化的结晶，同时也是功能与审美并存的艺术产物。

第二节　明代家具分类

一、坐具

（一）椅

四出头扶手椅（图 4-2-1），也称“官帽椅”“四出头官帽椅”，所谓“四出头”就是靠背搭脑两头出头，扶手伸出“鹅脖”（指扶手下两个立枨）出头。椅子大部分结构件为圆材。椅子的后腿和靠背两边的直枨为“一木连做”。坐面为藤条编织而成的“藤屉”，在明代的椅子中十分常见，因其通风、凉爽、可以更换。坐面之下均有“牙条”“牙头”加固、平衡。整体素洁，没有纹饰。

图 4-2-1　官帽椅

南官帽椅（图 4-2-2），也称“文椅”，为江南文人所钟爱。它和四出头官帽椅的区别在于搭脑和扶手均不出头，而成一个光润的圆角交接。大部分采用圆材制成。扶手之下除了“鹅脖”外，另有中间的一个立枨，称为“联帮棍”，或是“镰刀把”。坐面为“藤屉”。椅子两前腿之间为壶门形券口牙子。腿足的四个脚枨逐步增高，所以称作“步步赶高枨”。椅子的靠背板上做了局部的浅浮雕，其余部位则全为光素。

图 4-2-2　南官帽椅

靠背椅（图 4-2-3），指没有扶手的椅子，图中这类形制也称为“灯挂椅”，靠背面窄而背高，形似南方的灯架而得名。除了没有扶手外，它的形制十分像官帽椅。

图 4-2-3　靠背椅

“玫瑰椅”（图 4-2-4），是一种靠背较矮的扶手椅，且靠背通常和坐面呈直角垂直。因其靠背低矮，故可置于窗台之下而不遮挡视线。“玫瑰椅”通常小巧轻盈，装饰雅致灵秀。图中所示的玫瑰椅靠背为“寿”字加缠枝植物花纹透雕，靠背和扶手与坐面之间都有两枚圆形的“卡子花”。前腿之间的券口牙子上浅浮雕有回纹装饰。

图 4-2-4　玫瑰椅

圈椅（图 4-2-5），在明代又称为“圆椅”，其靠背和扶手呈一体的圈形，线条柔。扶手伸出“鹅脖”呈向外的微微一撇，称为“鳝鱼头”。通体使用圆材，和清代“有束腰、带托泥”的圈椅形制有所不同。前足和坐面下为“洼堂”。这把圈椅通体素洁，不作雕饰，空灵素雅，大约是一件文人使用的家具。

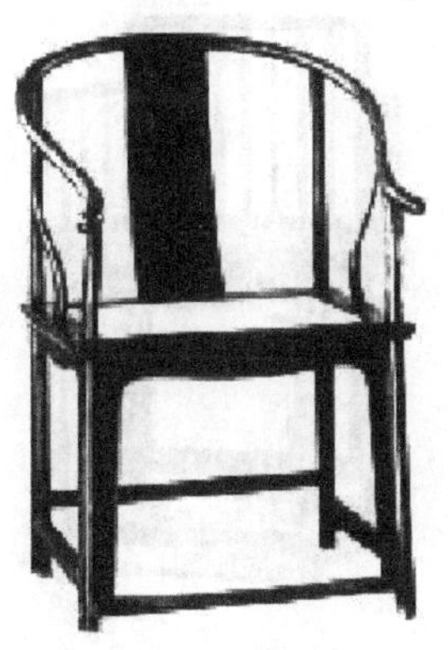

图 4-2-5　圈椅

交椅。交椅，或称“胡床”，加上靠背，便称“交椅”。交椅的靠背有直后背和圆后背两种，直后背类似于灯挂椅的靠背，有时带托脑；圆后背则类似于圈椅的靠背。圆后背交椅，可以追溯到宋代的“太师椅”，其圆后背称为“拷拷样”，顶部带有荷叶状托脑。

图 4-2-6　交椅

梳背椅。梳背椅也是靠背椅的一种，因其靠背和扶手采用梳齿状的直棖而得名。如图 4-2-7 所示，梳背椅形制比较特殊，它的坐面为不等边六边形而非矩形，一般前后两边较宽，其余四边较窄。六边形的座椅因为坐面宽敞，适合于盘腿坐，比如用于打禅时坐的“禅椅”。坐面为藤屉，六个腿足间采用委角形的三面券口牙子。

图 4-2-7　梳背椅

（二）凳、墩

方凳。方凳和圆凳又叫作“杌凳”，或是“杌子”，指无靠背的坐具。

圆凳。圆凳的形制类似于坐墩。

坐墩。坐墩，因其形状如鼓，所以又称为“鼓墩”，坐墩上常常覆盖一块绣锦，故又称为“绣墩”。如图 4-2-8 所示的坐墩则是仿照古时的“藤墩”制成的。明代及清代前期的坐墩上大多都保留着木腔鼓和藤墩的形式。

图 4-2-8　坐墩

二、卧具

（一）床

架子床。架子床是指床身的四角立有立柱，支承起床顶的眠床。根据立柱的数量，有“四柱床”，带门围的“六柱床”，带门罩的架子床等形制，床顶之下安“横楣”。如图 4-2-9 所示，是一张黄花梨制成的六柱床，两侧面和后面挂檐及床围子都用“四簇云纹”攒接，它的大面积使用，使该床产生端庄秀丽、玲珑剔透的视觉效果。正面挂檐镶三块透雕板片，上有传统吉祥图案“双凤朝阳”和“双龙戏珠”。正面围子透雕传统吉祥图案“麒麟送子”。床的支承是带束腰的三弯腿和牙子。

图 4-2-9　架子床

拔步床。拔步床相较于架子床，形制更大，床下有“低平”，床前又有立柱围合，形成一个浅廊，用以安置桌凳等家具器物。如图 4-2-10 所示为明代潘允征墓出土的明器拔步床。另外有一种拔步床，在《鲁班经匠家镜》中称为“大床”，形制与此处的拔步床类似，不同之处在于这种床的床顶，床的正围和侧围均为板墙，和床顶形成一个密实的小屋。

图 4-2-10

（二）榻

榻的形制一般有两种，一种没有围屏，一种有围屏，后者又叫“罗汉床”。没有围屏的榻在绘画中常常见到，这种榻经常和座屏一起使用，是文人墨客崇尚的古朴而雅致的生活方式。带有围屏的榻，根据围屏的形制，有“三屏风式”“五屏风式”“七屏风式”等。围屏的形制又有独板围子，攒边装板围子，攒结围子，斗簇围子等。榻的腿足形制在明代大部分是四足式（图4-2-11）为鼓腿膨牙式，箱体形结构不多见。有带束腰的，也有不带束腰的。

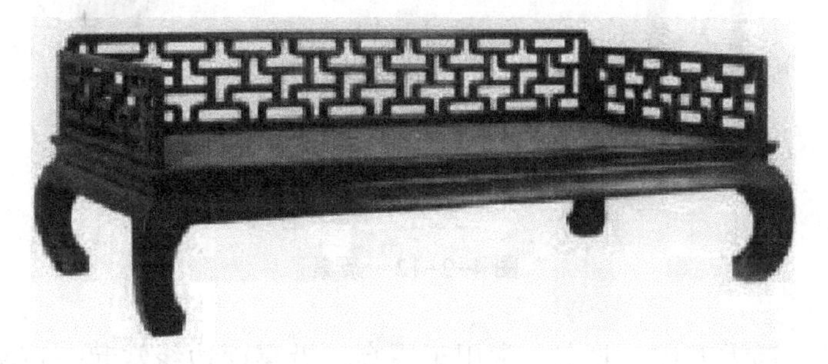

图4-2-11　榻

三、承具

（一）桌

明代的桌案几按照其形制的不同、功能的不同，使用场地的不同，种类非常繁多，仅桌一项，就有方桌、半桌、条桌、画桌、炕桌、酒桌、书桌、琴桌、供桌、八仙桌等品类，在这里我们按照人们生活中约定俗成的称谓罗列出比较常见的一些品种。

方桌。方桌是桌面为方形的桌子，按其大小不同，称为“八仙桌”“六仙桌”“四仙桌”。“桌”与“案”的不同在于桌子的腿足与桌面大多是齐平的，案的腿足缩进案面边缘一段距离。方桌形制类同于案，这种方桌是标准的明代式样，因其每条腿足与三个牙子结合，下面再加罗锅撑和卡子花（或矮佬）而得名。

半桌。半桌相当于半张方桌，也叫“接桌”，当一张八仙桌不够时，用它来拼接。

条桌。条桌是狭长形的桌子。如图 4-2-12 所示条桌为“四面平”加霸王枨式形制，“四面平”是指腿足与牙条以格肩榫的形式连接，上面再安装面板。

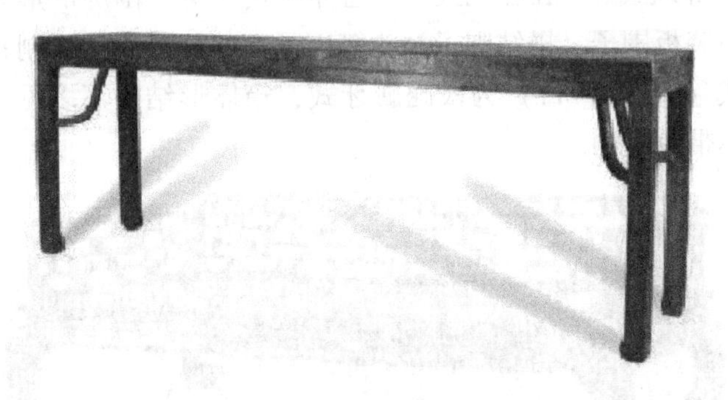

图 4-2-12　条桌

酒桌，远承五代、北宋，常用于酒宴。沿桌面边缘常起一道阳线，称为“拦水线”，用于遮挡酒肴倾洒。

炕桌。中国的北方是以炕为主的生活方式，故形成了适应炕的家具形式。炕上使用的家具多为矮型的家具，适应人们在炕上的活动尺度。比如炕桌、炕案，炕几、凭几、炕屏等等。如图 4-2-13 所示为一张黄花梨炕桌，带束腰，三弯腿内翻马蹄足。牙子是壶门状，上面雕刻有缠枝花纹。

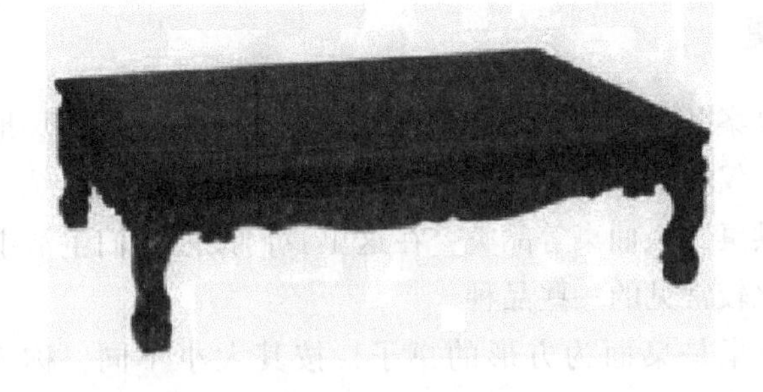

图 4-2-13　炕桌

（二）案

翘头案。翘头案的案面两端抹头处安有翘起的边缘，故名，两端翘起在视觉上给人活泼灵动的美感。案的形制雷同于中国木质建筑的大木梁架，四个腿足向内收进一段距离，与案面直接连接，通过牙子来起到平衡的作用。腿足与牙子的结合一般有两种形式，一为“夹头榫”，一为“插肩榫”。夹头榫条案的样式较多，大约有以下几类：四足着地，足间无管脚枨；四足着地，足间有管脚枨；四足不着地，下安托子。管脚枨和托子之上，常安券口和挡板。

平头案。平头案是指案面两头没有翘起的案。

（三）几

花几。花几，顾名思义，陈放花瓶、花盆的小几或高几。花几一般为瘦高形，陈设于室内，对称摆放，或安于一隅，为室内环境增添很多美感。

香几。香几是用来陈放香炉的家具，与花几的形制类同。香几以圆形居多，且线条柔婉。

四、庋具

（一）柜

圆角柜。衣柜的一种，其柜顶前、左、右三面有小檐喷出，名曰“柜帽”。柜帽转角处多削去方角，成为圆角。柜帽之设，是为了在其下凿眼做臼窝，以便容纳向上伸出的柜门门轴。圆角柜一般有明显的侧脚。圆角柜较小的大约两尺高，为炕上用具，大的高如一般的架格，特大形制的较少见。有的圆角柜在两门扇之间安有门杆，如图 4-2-14 所示，可以将门与门杆锁在一起，有的则无门杆，称为“硬挤门”，有的圆角柜在门扇以下、底枨之上仍设有一段空间，称为柜膛，以增加容量，有的则柜门下缘与柜底平齐，不设柜膛。柜门的装板也有不同做法，或用通常的薄板。

图 4-2-14　圆角柜

方角柜。方角柜四面平齐，垂直直角，无侧脚，柜门和腿足用金属合页连接。如同圆角柜，有的方角柜柜门之间安有门杆，有的不安，有的柜门之下有柜膛，有的则无。有的方角柜无顶箱，古称“一封书式”，言其貌似有函套的线装书。上有顶箱的称为“顶箱立柜”，成对使用时，称为“四件柜”。

亮格柜。亮格柜是架格和柜子结合的家具，一般亮格在上，柜子在下，兼具陈设和储存的功能。如图 4-2-15 所示黄花梨亮格柜，是单层的架格下接方角柜，亮格背面装背板，其他三面镂空，底下方角柜柜门下有一段低矮的柜膛，底下横枨之下安有素牙子。

图 4-2-15　亮格柜

图 4-2-16　架格

架格（图 4-2-16）。架格是指开敞的，中间以横板将空间隔开的柜子，横板之上用以陈设物品。架格常用来陈放书籍，也叫“书架”，当然架格还可以用来陈设其他物品。有的架格在中间设有抽屉或小柜，架格的侧面和背面三面可以设置围栏，或装板，或安装券口牙子，或攒接棂格，总之有多种装饰手法。

（二）箱、橱

箱子也是储物的家具，古代称箱笼，可大可小。箱子一般为上下翻盖的形式，有的箱子还装有抽屉。如图 4-2-17 所示，黄花梨小箱四角均用铜皮包角，这种做法在箱子中很常见。箱盖和箱体间装有铜制面页和拍子、钮头，两侧装有铜制拉环。

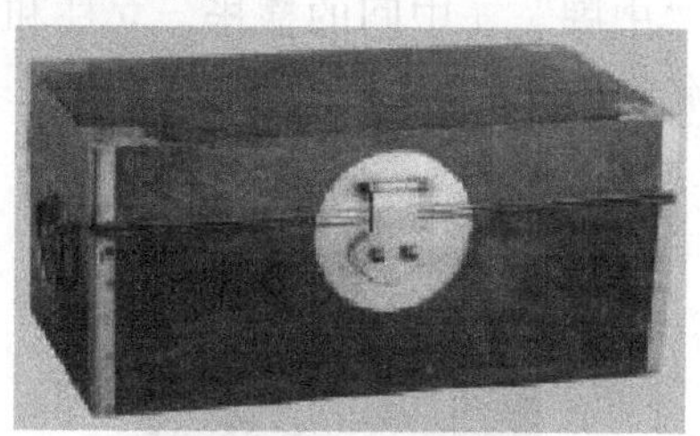

图 4-2-17　箱

闷户橱。闷户橱的形制类似于案，带有抽屉和“闷仓”，所以称为闷户橱。它兼具陈放和储存的功能。闷户橱一般有一个抽屉、两个抽屉、三个抽屉这几种形制，两个抽屉的称为“联二橱”，三个抽屉的称为“联三橱”，如图 4-2-18 所示。闷户橱是民间常用的家具，常常放在一对四件柜之间，故称“柜塞”；又因嫁女之家多用红头绳将各种器物扎在闷户橱上作为嫁妆，所以又叫作“嫁底”。闷户橱一般放在内室存放细软之物。

图 4-2-18　闷户橱

五、其他类

灯架。灯架是人们生活中提供照明的灯具之一，除了立式的灯架，还有台灯、挂灯、提灯（灯笼）等等，因古人照明大多使用的是蜡烛，所以也称烛台。灯架主要由以下部分组成：墩座，立柱、站牙、灯盘、倒挂花牙、灯罩。

衣架。衣架是人们临时铺搭衣服的架子，一般放置于卧室床头。衣架的形制构成和灯架、屏风类同，主要由墩座和立柱支撑其整体框架，站牙和挂牙起到平衡支撑的作用。如图 4-2-19 所示的衣架，搭脑（最上面的横枨）两端雕凤纹，“中牌”（中间的横枨、立柱和绦环板构成的牌匾）的绦环板透雕花纹，每根横枨之下均安有角牙。

图 4-2-19　衣架

提盒。提盒，或称“食盒”，是用于盛放食物或细碎的生活用品的带提手的盒子，一般有好几层相叠，可以灵活取放，上盖盖子，下有底座。和提盒形制相仿，但尺寸较大的提盒称为“扛箱”，也是携带食物或馈赠礼品时的用具。如图 4-2-17 所示，为黄花梨长方形提盒，如图 4-2-20 所示，为红漆描金八边形提盒。

图 4-2-20　提盒

镜台。镜台，也称“妆奁”，是古代妇女梳妆的用具，用以支撑镜子、盛放化妆用品和各种首饰。常见的有宝座式镜台、折叠式镜台、箱柜式镜台。图 4-2-21 所示黄花梨折叠式镜台，面盖可以由支架支撑起来成一斜面，用来陈放镜子，面盖由六块浮雕花纹的板子攒边打槽安装，中央开光，由四簇云纹斗簇而成。

图 4-2-21　折叠式镜台

脚踏。脚踏一般放于椅子、宝座、榻、炕和床前，有短小的，如图 4-2-22 所示，也有狭长形的，一般放在床前。明代的家具，从尺寸上说，比现代的家具更高大、宽敞，古人说“正襟危坐”，“危”即是“高”，人们坐在高大宽敞的家具上，更加能够体现气宇轩昂的威仪和气势。

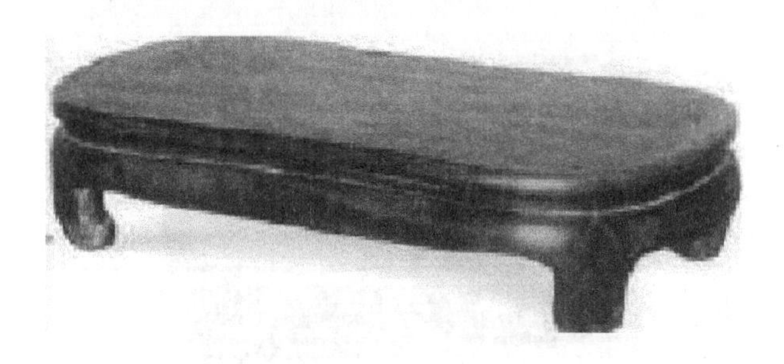

图 4-2-22　脚踏

围屏。围屏是屏风的一种，一般有多扇屏面组成，可开可合，围成一定的空间，故称“围屏”。明代的围屏有纸面的，上面可以题诗作画；也有绣面的；也有漆面的，如图 4-2-23 所示围屏为黑漆百宝嵌屏面。

图 4-2-23　围屏

座屏。座屏是指以坐墩为底座，上有单扇或多扇屏面组成，不能开合的屏风。座屏的种类很多，有大型的落地座屏，称为“地屏”，也有陈设于几、案、桌或炕上的小型装饰屏风。明代厅堂的架几案或条案上习惯放置花瓶和座屏，寓意“平平安安”。有的座屏的屏面可以插取，所以也称“插屏”。屏风的装饰性主要体现在屏面上，有的屏面为纸面，可以题诗作画，尤其为文人所喜爱，有的为各种漆面，如图 4-2-24 所示为黑漆地百宝嵌屏面，有的即为木材屏面饰以各种雕刻，有的是大理石屏面。屏风的坐墩和站牙的做法与上文的衣架、灯架类似，此处不再赘述。

挂屏。挂屏是悬挂于墙面作为装饰的屏风。图 4-2-25 所示挂屏在苏州一带的园林里很常见，木质的屏面上镂空出各种图案，内嵌大理石，因为大理石的纹样如同一幅水墨山水画，所以很有装饰效果。

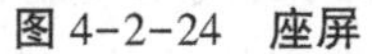

图4-2-24　座屏

图4-2-25　挂屏

第三节　明式家具的工艺与装饰

一、明代家具的工艺

明代的家具从工艺上来说，属于手工制作、以木工为主、以榫卯结构为基本结构，并辅助以雕刻、镶嵌、编织、五金、漆艺等工艺的家具制作。

（一）手工制作

家具的手工制作与机器制作有很大的不同，前者是以手工劳作为主，使用的工具较为简单，工艺流程以单件家具制作为基础；后者则是以机器加工为主，批量化标准化的零部件生产及组合。制作方式的不同会带来工艺上很大的差异，手工制作流程较慢，家具的结构可以做得非常复杂且精确，如同我们能够看到的，明代家具的榫卯结构在其复杂性上远远超出了现代机器生产的家具。另外，手工制作在其生长环境和生产特点的制约或促进下，人们在单件家具的每个细部不断精益求精，使得在榫卯的配合上、木材性的合理使用上、雕刻等装饰手法的精细程度上、牢固耐用程度上都达到了登峰造极的境界。对应的是，人们在单件家具的生产上耗费的时间太长，产量就会很低，更新换代的速度就越慢。以机器生产为主的家具制造，其结构配合简单、适合机器化精确加工、适合工业化大批量生产。

（二）木工工艺

明代家具的制作以木工为主。中国传统的木工可以分为“大木作”——木质建筑，“小木作”——家具和其他小件木质器物。明代万历刻本《鲁班经匠家镜》中增补了“小木作”，即家具木工制作的条目，是保存下来最早的民间家具制作书目，从中能够看到明代家具制作的概况。可以看出，明代的家具到万历朝，已经有了相当丰富的品种，制作非常精良。木工营造中包括“量”“绘”“锯”“劈”“刨”“凿”“钻”“雕”“嵌”等工艺。常用的工具有“锯”“斧”“刨”“凿”“墨斗”和“钻”等。

“锯”：传统木工工具之一，用于木材的横向切断及纵向分解，手动锯历史久远。条形锯片又称“锯条”，锯凿角度一般呈带倾斜的45度角，锯牙逐个相隔向左右岔开，便于锯条在锯缝中往复运行。其中框架锯，锯条装于一侧，另一侧装一绳框缠绕绞紧，插竹别子固定，可以调节锯条松紧与角度，十分合理方便。金属锯的历史可追溯到商周，《墨子》中已有“门者皆无得挟斧斤凿锯推”的记述。明代家具制作中锯的种类很多，“长者剖木，短者截木，齿最细者截竹”。

“斧”：传统木工常用工具之一，古亦称“斤”，主要用于析木，《诗·齐风·南山》：“析薪如之何，匪斧不克”。框架锯出现之前斧也是主要解木工具。斧直刃，横刃斧为锛。

“凿”：传统木工常用工具之一，用于木加工中的挖槽、打孔、雕刻。《庄子·天道》：“桓公读书于堂上，轮扁析轮于堂下，释椎凿而上”。凿视用途不同分平口凿、圆口凿等，一般与褪配合使用。汉王充《论衡》：“凿所以入木者，褪叩之也。”在家具制作中，凿子主要用来开榫眼和雕琢。

“刨”：传统平木工具，用于将木材表面刨光，或借特殊刀具刨成特定形状。现用刨多为台刨，即将一段钢质刀刃斜向插入一只带方形孔的台座之中，上用压铁压紧，台座长条形，左右有手柄，便于手持。使用时，稍稍叩击台座尾部或刃片尾部，便可调节刃片至最佳露出程度。台刨历史最少可上溯到明代。宋应星《天工开物》：“凡刨，磨砺嵌钢寸铁，露刃秒忽，斜出木口之面，所以平木。”万历本《鲁班经匠家镜》插图中，也有明确的台刨形象出现。除了台刨外，明代木工营造中还有细线刨、蜈蚣刨等工具。

“墨斗”：传统的木工常用工具之一，用于木材表面划线定位。主要结构为一缠绕墨线的线轮和浸有墨汁的墨仓，使用时，将墨线从墨仓中经线轮拉出，引于欲加工木材表面，绷直弹拉划线，用毕装墨线缠回线轮。古人有“设规矩、陈绳墨”之称。民间墨斗木工自制，墨仓常被雕作桃形、鱼形、龙形等，既为自娱，也是木工手艺的一种炫耀。

“钻”：钻主要用来打孔之用。在明代画家仇英的《清明上河图》中描绘的木匠铺中我们可以看到这种木工工具。它由两人操作，一人扶住钻头柄，一人抽线，使钻头旋转起来。

二、明式家具的装饰

明式家具以简洁著称，具有造型独特、结构严谨、纹理优美、装饰适度的特点。明式家具在强调结构的合理性和线条优美的同时，透过巧施装饰以体现家具的文化内涵，所以明式家具上的装饰精致典雅，别具风格。明式家具的装饰常以装饰构件的形式出现，如牙子、券口、挡板、卡子花等，或者是在家具的主要部位进行小面积的装饰，充分表现出明式家具的含蓄性和书法式的抽象性，以及追求形神统一的艺术效果。明式家具小面积的精致纹饰与大片素面相映衬，使流畅、硬朗的线条增添了些许柔美，整体上体现出明式家具质朴大方的素雅品格和文人气质。明式家具的纹饰主要有龙凤纹、云纹、缠枝纹、如意纹、牡丹花卉纹等。

（一）龙凤纹

明式家具的龙凤图案典雅、端庄、生动。龙凤纹样的风格与整个明代的家具风格相一致。明式家具的朴素与质朴，很大程度上是由于明代文人的参与和推动，因此对龙凤纹饰也透露出一种古朴、典雅、率真的风格。明式家具上的龙凤纹饰以雕刻手法为主，结构构件精巧华美，其造型顺应家具整体的线条，呈现出一种连续性和整体性。尤其是打破了整个大面积的素面，做局部装饰，虚实相映，和谐统一，增加了家具造型的优雅。

1. **龙纹**

明式家具上的龙纹大体可分为写实和变体两种。写实龙纹常见于宫廷家具上，身体齐全，麟角分明；而变体龙纹在民间使用较多，没有具体的形象，更侧重于图案化。明式家具中的龙纹常用的是传说为水神的螭虎龙，又名蛟螭。螭虎龙全身没有鳞甲，其头和爪看起来像走兽，所以给人的感觉除了庄严威武外又有一丝清新活泼。龙纹的表现形态主要分为拐子龙和草龙。拐子龙的足与尾并不写实，而是高度图案化，在转角形成方形，有利于添补带直角的家具部件。草龙的尾及足成卷草状，以“三弯九转”“盘曲回旋”“腾跃潜伏”的运动姿势随意发挥，会产生意想不到的装饰效果。这些龙纹主要分布于牙头、牙条、牙板、券口、幽板、腿足、角牙、围子、束腰等处，体量较小，装饰精致，起到画龙点睛的作用。龙纹的装饰手法有透雕、浮雕、圆雕等。

图 4-3-1　黄花梨翘头案局部——草龙纹

2. **凤纹**

明式家具上的凤纹也分为写实和变体两种，凤纹的形象比龙纹要活泼一些。写实凤纹就是我们常见的凤凰纹样，而变体凤纹则是将尾羽高度图案化。凤纹的表现形态可分为升凤、降凤、团凤等。组成的图案主要有象征喜庆的“百鸟朝凤纹”“云凤纹”，象征高贵的“凤穿牡丹”，象征美满的“丹凤呈祥”，象征天下太平的“凤鸣朝阳”等。明式家具中的凤纹常出现于椅子的靠背板、画案的牙头、床的围板或挂楣等处。雕刻手法有浮雕、透雕等。

图 4-3-2　黄花梨石心画桌局部——雕凤纹

（二）云纹

云纹源于云气，是中国文化符号旋涡纹饰的代表之一，体现出一种喜庆、乐观、吉祥的愿望和对生命的美好希冀，具有鲜明的民族风格，符合中国传统的审美习惯。云纹在中国纹饰发展史上扮演着十分重要的角色，其使用广泛，在明式桌、椅、凳类家具上经常可以见到。明式椅凳类家具上的云纹以正面角度为多，且多以抽象的形式来表现整体的云朵或者是云头，在纹样表现形式上采用浅浮雕、透雕，装饰在卡子花、牙板或腿足等部位。明式桌类家具上的云纹，云头刻画较为突出，整体造型主要采用卷曲线的立体造型，表现出云纹宽、扁的形态特征，具有多变的视觉感受。

图 4-3-3　黄花梨半头案局部——云纹

（三）缠枝纹

缠枝纹为古代纹样样式之一，又有“穿枝纹”“串枝纹”“卷草纹”“蔓藤纹”之称。缠枝纹以花草的茎叶、花朵、果实为主体，或以涡旋形，或以S形，或以波浪形，构成风格清新的纹样。除了中国，缠枝纹在其他国家也很常用，如埃及、希腊、罗马等国家以棕榈、忍冬、莨菪为缠枝纹样，而波斯、印度则以葡萄、郁金香为缠枝纹饰。中国的缠枝纹是在云纹的基础上融合外来纹样组合而成，最早为缠枝忍冬和缠枝莲花。唐代以后，花卉的写实程度大大提高，缠枝纹从种类到形态日臻成熟。牡丹、萱草、菊花等深受人们喜爱的花卉也演变成缠枝纹的纹样。至宋、元时期，缠枝纹逐步发展，各有特色。到明代，缠枝纹的民族风格日益突出。缠枝纹可以单独装饰，也可以连续使用。连续的花卉纹样以曲线或正或反有秩序地相切、延伸，随意地翻转仰合、动静背向，巧妙多姿，栩栩如生，有一种“运动”与“生长”的趋向。缠枝纹形态优美，婉转流畅，变化万千，充满了形式的美感。

图 4-3-4　黄花梨高束腰雕花炕桌局部——花卉纹

(四) 如意纹

如意在中国有吉祥如意的含义。如意原为佛教八宝之一，为僧人记录经文的佛具，亦可用于陈设，其作用、造型多赋予“可如人意”“回头即如意”“君子比德如玉”等寓意。根据如意的美好寓意所创造的如意纹，为中国传统吉祥图案之一。它与“瓶”“戟”“磬”“牡丹”等纹饰的组合形成了“平安如意”“吉庆如意”“富贵如意”的好彩头。如两个柿子或狮子与如意组合代表“事事如意”，蝙蝠、寿字与如意组合代表“福寿如意”，如意穿过两个喜字叫作“双喜如意”，童子或仕女手持如意骑象叫作“吉祥如意”。

图 4-3-5　黄花梨圈椅局部——如意纹

第四节 文人趣味——明式家具美学

苏州作为风土清嘉之地，文化底蕴为江南之首。而晚明苏州为中心的江南文人参与苏式家具营造，将审美造物理念融入家具的整个营造过程之中。在这样的背景之下发展起来的苏式家具，其审美特质更是离不开文人审美趣味的影响。正如前文说提及的，晚明文人通过参与家具营造或家具审美思想的阐发，直接或间接地影响着苏式家具的审美趣味，不论是在家具的结构上、材质上、还是家具的装饰上都将文人需求融汇其间，使得苏式家具形制多样，工艺精致。苏式家具在文人的审美参与营造之下集中体现出文人的造物理想以及文人审美趣味。从苏式家具个体出发，不论是在家具构造上体现的审美造物趣味、家具装饰上所体现的文人审美思想，还是家具结构上通过文人需求的融入家具整体上的线与形的巧妙穿插所体现着的文人艺术关照，都是晚明文人通过自我思考，将文人的艺术法则融入其间所产生的审美趣味的具体体现。

一、明代文人的雅俗观

文人参与营造下的苏式家具本身就有着符合文人标准的审美需要。这是苏式家具的审美特质。文人视野中的家具具有美的意义，在“雅”的对比之下，又具有“俗”的可能。所以，对于晚明文人参与下的苏式家具审美营造来说，制作具有“雅”的意义的家具就成了文人审美需求的重点，同时要避免“俗”的造物方式带来的负面意义，那么雅俗就成了文人审美中的主要对照关系。

文震亨在《长物志·卷六·几榻》一文中对不同类型的家具进行了评判。他用“雅”“好”“不雅”“俗”作为审美价值的标准。根据文震亨对雅俗的区分，重新分析总结家具的创作愿景，可以总结出下面几个方面。

①尽量接近古人的风格，这与文人书画的创作设计是一致的。

②不宜有过多的装饰和太新的配饰，不宜有复杂的结构和图案。体现

了崇尚简约的审美取向。

③家具的尺度不能随意缩小，强调虽然用细木，仿古，但如果改变尺度，就会落入俗套。可以推论，如果古人在选材上喜欢用名贵木材，那么家具的艺术价值最终还是要看形式，材料还是次要的。显然，当今家具市场的“唯材料论”与明式家具原设计者的初衷背道而驰。

④家具应适当留出空间，计白当黑。

⑤坚持日本家具的标准和做法。由于日本在唐宋时期深受中国文化的影响，体现在各门类的艺术创作上，明朝也认为日本没有失去中原文化，其艺术继承了中原风格。

⑥雕刻的内容应该是抽象的，而不是具体的。这与中国古典美学强调“神似”，反对盲目“形似”分不开。明式家具的雕刻以图案为主，如云纹、卷草纹、螭纹等，是非常抽象的艺术形象。

⑦保持木纹，不宜上漆，尤其是金漆。可见，明式家具遵循着朴素天真的艺术风格，与彩绘家具截然不同。

⑧竹制民俗家具和折叠家具不适合，因为这种家具纯粹是功能性的，不具备设计美感，所以没有体现出文人家具的特点。

⑨小件家具应由底座支撑。例如，文人案头的花瓶、石器、笔床等各种摆件，都应该有底座支撑。一方面可以保护书桌表面免受磨损，另一方面也起到了装饰主题的作用，使器具更加美观。

文中多次提到断纹漆柜，这些痕迹就是古雅的表现。同时，人们认为元代的螺钿工艺品价值更高，实际上晚明的漆器工艺比元代更为发达。

以上几点基本可以看出明代文人对家具的重要品味标准，从流传下来的家具中或多或少可以看出端倪。这些雅与俗标准也充分体现了明朝的风格与家具中的人文特色。

二、实用原则与惜物之道

苏式家具作为一种功能起居物件，最终需要符合文人的实用需求。也依托于苏州地区精巧的工艺，使得众多的晚明苏式家具经过数百年的使用，至今仍然能够稳健如初，苏式家具的实用和牢固令人赞叹。晚明文人造物强调家具功能上的“无不便适”，也就是完全符合于使用，而不会产生多余的干扰。实用性是晚明江南文人所重视和推崇的家具营造标准，而苏式家具也追求实用和审美的统一。

中国传统造物审美理念里面讲究“敬天之物，物尽其用”。物尽其用也可指采用适宜的规划，而发挥其最好的作用。这种敬畏思想在苏式家具的构造之中体现在用料结合之时珍惜每一方寸之间的材料，使每一块优良的木料能够根据每个部件大小，设计出最好的用料方案，减少浪费而达到物尽其用的造物标准。晚明文人家具营造时惜物爱物有两种原因，首先，晚明苏式家具中所使用的材料往往是黄花梨、紫檀、鸡翅木等当时苏州等地区从东亚地区所进口的名贵木料，材料的珍贵难得意味着苏式家具的制作中必须珍惜用料，就是小块的边角料也不能丢弃和随意处理，而应该另挪他用。其次，优秀而木性优良的硬木是高雅而具有审美价值的天然艺术品，本身就是文人审美视野中不可多得的玩物，每一寸木材都可观可赏，不应该随意丢弃。

晚明文人惜物首先体现在苏式家具形制的处理上，这也是惜物在尽物层面上的意义。晚明文人研究家具的器形，如苏式文椅上扁平的靠背，弯曲的牙条，细长的搭脑，都是需要精心设计，仔细琢磨才能达到合适的审美效果。所以苏式家具制作之初，通过文人之意，设计规划，将整块木料进行分门别类的划分，然后通过工匠切割成材，大料大用，小料细用。使得在有限的材料下，完美的器形得以呈现。这种造物习惯也一直延续至今，是苏式家具中简约审美的体现。

三、稳重大气，朴实含蓄

苏式家具的结构多样，都离不开圆与方，曲与直的关系。在这方圆曲直之中，通过如线条一般的部件相互关联，相得益彰，传达家具的构造之美。线条的构造是传统艺术的精髓。对线条气韵的追求，自古以来就在文人书法与绘画之中体现得非常深刻。而苏式家具中通过文人审美的参与，其中线的审美也深刻地融入其中。曲直关系的线性结构分布在每一个细节之中，不论是苏式家具的靠背、枨条，还是腿足等等，处处体现出苏式家具的线之美。另外，苏式家具中的线之气韵也有刚直淳朴之线。曲直的线带给家具柔美之趣，而刚直淳朴之线带给家具古拙厚重的审美趣味。如在苏式家具中，腿足与相关的枨条部件，在造型上同样具有这种文人参与下的刚直淳朴之趣。足作为家具的体量的承受部分，它的形态决定着家具的外在气质。依靠各种榫卯的相互配合，苏式家具中的线之气韵首先体现在弯曲遒劲的曲直相接关系之上。“曲”与“直”相互包含，相得益彰。如靠背作为椅类家具的基本结构，在功能之用中，主要是提供倚靠的作用。苏式家具的椅子种类包括以圆形靠背为主要特质的交椅、圈椅，以及直立靠背为主要特点的官帽椅、玫瑰椅、灯挂椅等，从这些椅子的靠背中我们能够看到基于功能之用下的曲直柔美的线条之美。在榫卯以及楔钉的配合下，长而稳定的弧形连接得以实现，如交椅和圈椅靠背上饱满与柔和的线条之意就是体现出苏式家具的线条的遒劲之趣。

晚明苏式家具的隐，是丰富多彩而又雅而不俗。苏式家具的雕刻以藏于不经意之间为妙。雕刻技法繁多，一方面强调工匠雕刻技巧，另一方面强调题材的丰富。雕刻既有工艺技法又包括装饰题材，依托于雕刻工具的成熟，工匠能够随心所欲，赋予苏式家具各类装饰美感，同时装饰极具江南特色，伴随着江南风韵，各类山水花木都呈现出欣欣向荣之感。所谓“图必有意，意必吉祥”，民间通过各类纹饰来寄托美好愿望。苏式家具雕刻在家具装饰之中占到主要地位，不论是即拿即用的椅凳类家具，还是工艺复杂、体量很大的床类家具，都将雕刻运用其间来表现纹样之美。

第五章　唐宋家具风格的衰退期——清代家具

明代将中国古典家具的发展推向了高峰，而清代则成就了其最后的辉煌。清初至康熙时期，家具风格一直延续明式家具的风格，在简约质朴中显露天然的木质及工艺的高超。至清中期，清代独特的家具风格日渐形成，呈现出与前朝不同的特点。这一时期的家具由于其特定时代背景不同，产生了诸多以地域划分的家具流派，如苏作、广作、京作、晋作等。它们分别以不同的结体手法和审美追求发展了各自流派，竞相斗艳。清代中后期，建筑与家具配套的观念日趋程式化，成为制约古典家具艺术保持鲜活生命力与创造力的藩篱。清末，经济衰退，战乱纷争，国力日损，反映到家具工艺上也同样跟着衰退了。

第一节　清代的宫廷家具与地域家具流派

一、清代家具与清式家具

与明代家具和明式家具一样，清代家具与清式家具也有所区分。清代家具是一个时间概念，主要指制作于清代的家具，无论是何种流派、质地、风格的家具，只要制作时间符合，均可属于清代家具之列。当然，清代家具也包含了制作于清代前期的明式家具。

清代家具的发展大致可分为三个阶段。第一阶段是清代前期至康熙初期。这一阶段家具的制作技艺仍然延续明代的工艺与风格，无论是家具的造型还是装饰，均与明式家具一脉相承。而清代前期家具本身的特色不甚明显，故没有留下多少传世之作，但这一时期紫檀木的存量还算丰富，所以大部分的宫廷家具主要由紫檀木制造。第二阶段是从康熙末年至嘉庆时期，其中历经雍正、乾隆两朝。这一阶段是清代政治、经济的稳定发展期，在家具的制造方面，不仅生产数量多，而且逐渐形成了清代独特的家具风格，变得浑厚、庄重、繁复、奢华。其突出表现为用料宽绰，尺寸加大，体态丰硕，装饰华丽，雕刻繁复等。这些突出特点造就了清式家具的产生与辉煌。第三阶段是从道光年间至清末。从道光至宣统，社会经济每况愈下，内忧外患的背景下，家具的材质不再追求高端、稀有，做工也不再苛求精细华丽，堆砌的装饰变得粗糙不堪。

与清代家具不同，清式家具是一个类型的概念。它是指自康熙末年至嘉庆初期，具有料大、工精、饰美等特色，代表了清代家具的辉煌与鼎盛。现存清式家具的经典之作大多制作于清宫内务府造办处，具有尺寸较大、用料宽绰、敦厚凝重、端庄华丽、精致繁缛等特点，对后世家具有着深远的影响。尤其在精工细作、精雕细琢的装饰工艺上追求极致，已然成为清式家具最为显著的特点。

以乾隆时期的家具为例。这一时期的清式宫廷家具有两个明显的特征。一是不惜工本、工艺精良。乾隆时期的家具品种繁多，式样复杂，技艺高超，是清式家具的繁盛时期。二是装饰华丽、雕刻繁缛。乾隆时期的宫廷家具经常与金、银、宝石、象牙、珊瑚、珐琅等不同质地的装饰材料结合使用，追求富丽堂皇之感。

二、清代家具的地域流派

清代以前，尽管不同区域所生产的家具在功能与造型方面各有不同，但其风格差别尚不足以形成不同的流派。进入清代以后，海禁一度被取消，西方的艺术与文化再一次影响到我国的建筑、绘画、家具等各个艺术领域。而皇宫贵族对豪华奢侈生活的极致追求促使了工匠对艺术品制作的精益求精。到清代乾隆时期，因造型、装饰、制作工艺以及产地的不同，形成了苏作、广作、京作、晋作等家具流派。其中以苏作、广作、京作为主要流派，形成三足鼎立之势。

（一）苏作

苏式家具是指“以苏州为中心的长江下游一带所生产的家具”。苏式家具风格很早便已形成，精妙绝伦的明式家具就是以苏式家具为主。苏式家具造型优美、线条流畅、结构合理、简约大方。但进入清代以后，苏式家具也随着社会风气的变化而开始有向华而不实转变的趋势。

苏式家具的规格不是很大，用料比较合理经济。除了主要承重部件外，常见的苏式椅子大多由边角料制成。苏式家具为了节省材料，也常采用镶嵌法，镶嵌法是先用混合木材制作家具框架，然后在框架外面粘上硬木贴面。从外观上，不仔细看很难看得出。既节省材料又保证了家具的整体效果。苏作家具中的盒子、橱柜等家具的内部通常是涂漆的，一方面是为了防止受潮变形，另一方面是为了隐藏不好看的地方，这体现出苏式家具对细节的完美追求。

清代苏式家具的镶嵌、雕刻工艺主要表现在衣柜、衣橱和陈列家具上。以苏式家具中的箱式家具为例。苏式箱式家具通常先用硬木做箱架，然后用松木或雪松木板进行表面处理，并在表面涂上大漆。漆在阴凉处干燥后，再装饰图案。在进行装饰时，先在漆面上描出手稿的花纹，根据手稿的花纹用刀刻出槽，然后将事先准备好的各种镶嵌物插入槽中，然后用胶水牢牢地完成。苏式家具镶嵌的装饰规模通常较小，需要大面积装饰的家具并不多。常见的镶嵌材料包括玉石、象牙和螺钿。

苏式家具进行镶嵌工艺时也是尽量节俭，哪怕是玉石碎渣或螺钿碎末，都会巧妙地运用到家具的装饰上。

在装饰题材方面，苏式家具偏爱松竹梅、花鸟、山水风景以及各种神话传说等，经常采用海水云龙、海水江崖、双龙戏珠、龙凤呈祥、折枝花卉等吉祥纹饰。其中，苏式家具的局部装饰花纹多以缠枝莲和缠枝牡丹为主，西洋花纹很少见；而广式家具的局部装饰花纹多为西番莲，这便是苏式家具和广式家具的一个重要区别。

（二）广作

清中叶，广式家具的风格基本定型，并成为清式家具的典型风格之一。明末清初，大批西方传教士来到中国，带来了许多西方工艺品。由于港口的特殊地理位置，广州已成为我国对外贸易和文化交流的重要门户。清代中叶，广州开始模仿西方艺术的形式。建筑、艺术品和家具都充满了西方巴洛克和洛可可的艺术风格，反映了不同的社会文化现象和不同的审美情趣。

广式家具大胆吸收西方奢华、奔放、典雅、华贵的特点，以各种曲线造型丰富传统清式风格，逐渐从简单的原有直线造型转变为充满活力的曲线造型。它表达了对财富、奢华、精致和优雅的追求，运用多种装饰材料，融合了东西方多种艺术表现形式，从而形成了自己鲜明的时代风格。

广式家具用料粗大、体质厚重、雕刻繁复，重视束腰、家具腿足部分的雕刻，装饰花纹采用当时流行的西番莲纹。

广式家具用料宽大，追求木性的整体性，一件器物多由一种木料制成，不喜拼接。其纹饰繁多，雕刻深隽，刀法圆润，精工细作。广式家具的雕刻技艺深受西方雕刻艺术的影响，注重细节与立体感，个别部位近乎圆雕。家具表面平滑流畅，不见刀痕，无论图案如何复杂，家具底子都会被处理得平整光滑，表现出技艺的高超。广式家具的装饰题材和纹饰受西方建筑文化影响也很深，如广式家具上经常装饰的西番莲纹。西番莲是西方的一种花，原产于西欧，因其匍地蔓生的特色，被图案化后当作了缠枝花纹的一种。

西番莲纹线条流畅，变化无穷，衔接巧妙，难辨头尾，所以可以根据器形的不同而随意延伸。西番莲纹多装饰于广式家具的牙子、板面上。除了西洋花纹之外，传统纹饰如夔纹、海水云龙、凤纹、螭纹以及各种花边装饰等也很常见，故形成了广式家具兼容并包、交相促进、新颖奇巧的纹饰特点。

广式家具镶嵌技术发展迅速，广泛应用于屏风、橱柜等家具。在我国，传统的镶嵌工艺主要以漆器为背景，而广式家具镶嵌很少使用漆器，这是它区别于其他家具流派的显著特点。广式家具的镶嵌材料主要有象牙、珊瑚、翡翠、景泰蓝、玻璃油画等。嵌入的内容包括反映现实生活的风景、树木、岩石、花卉、动物、神话、故事和习俗。广式家具中的房间隔板家具，常使用玻璃上的油彩作为装饰材料。玻璃油画是指在玻璃上画油画。这种手工艺在明末清初从欧洲传入中国，并在广州兴起和发展。

（三）京作

京作家具工艺诞生于首都北京，是明清时期宫廷家具发展过程中逐渐形成的一种家具，已有三四百年的历史。与苏作、广作称为中国硬木家具的前三名。北京是明清两代的都城所在地，汇聚了全国的精华。清朝京作家具的设计，是为了满足皇室生活的奢华需求，追求奢华、大度、雍容、威严的格调。在康熙、乾隆的鼎盛时期，硬木家具受到统治者的青睐。京城聘请了苏州、广州等地的能工巧匠，设计制造硬木家具。然而，统治者的审美趣味与江南文人并不完全相同，殿堂和内宫的环境需要雍容大气的家具相辅相成，促进了京作家具的形成和发展。

京作家具用料讲究，以紫檀木和黄花梨为首选，也会用楠木、乌木、榉木、酸枝木等制成；京作家具讲究卯榫结构，严丝合缝，落落大方。京作家具一般由清宫内务府造办处制作。造办处是清代制作皇室生活用品、艺术品、少部分军需用品的皇家作坊，内设多个小作坊，分门别类，其中就有木作，也有单独的广木作。木作的工匠有一部分旗匠，还有一部分苏匠。苏匠是从江南地区挑选入京的木匠，其所制作的家具明显带有苏作家具的风格。广木作中的工匠基本上都是从广东选拔过来的优秀木匠，所制作的家具也较多地体现出广作家具的风格。造办处在制作某一件器物前必须先画样呈览，经皇帝批准后才可制作。有的时候皇帝会提出一些修改意见，如将用料改小一些或增大一些、将装饰的嵌件换一下等，久而久之就形成了京作家具，自成一派。

京作家具较苏作家具来说用料稍大，与广作家具相比用料又稍显小，体量适中，尺寸合理，一木形成，不掺假。从纹饰上看，京作家具具有独特的皇家风格。北京皇宫内收藏了大量的古代铜器、玉器、石刻等艺术品，这些艺术品是京作家具纹饰的素材库。通过选择、创新，带有北京宫廷特色的纹饰被巧妙地装饰在家具上。这种装饰在明代时就已出现，清代在明代的基础上使用得更加广泛了。京作家具的纹饰主要有夔纹、夔凤纹、拐子纹、螭纹、蟠纹、虬纹、饕餮纹、兽面纹、雷纹、蝉纹、勾卷云纹等，形成了雍容大气、绚丽豪华的装饰风格，体现了帝王贵胄的审美情趣。

京造家具工艺在清乾隆年间达到顶峰，嘉庆、道光后逐渐流传民间。

新中国成立后，得益于国家积极的救助和扶持保护政策，京造家具工艺得到了一定程度的恢复和发展。其实用而艺术的制作技艺，加上珍贵的材料、合理的结构、庄重典雅的造型、精美绝伦的雕刻，使其成为具有极高艺术和学术价值的高雅装饰品。

（四）晋作

山西是我国黄河流域文化的发祥地之一，有着深厚的中原文化气息。清初之前，古典山西家具的风格并不十分明显。它不能算作一种流派，而只能归类为一般的明代家具。清乾隆以后，我国家具流派真正形成，晋作家具就是在这一时期形成的。山西经济落后，地区封闭，交通不便。南方精品木家具价格昂贵，资源有限，基本上只能满足北京王室和高官的需要。山西商人只能各行其是，寻找可以代替珍贵木材，更能体现富丽典雅风格的木制家具。从此，晋作家具走上了“开发本土材料、仿红木家具、渗透地域文化特色”的道路。以其独特的材料和简单的造型，逐渐成为独立于三大传统家具流派的重要分支。

晋作家具的材料风格与广作、苏作、京作家具的基本区别在于，它使用当地材料，主要是该地区盛产的优质胡桃木和榆木。由于取材方便，晋作家具用材大方、体积大、结实厚重、朴实无华。这里有古代石凳的传承，这与夏代以来山西的黄河文明分不开；又因为从明清到民国初，山西的商人与富人很多，所以三晋之地的豪宅很多，里面肯定有家具，这部分家具有奢华富贵的特点。在艺术风格上，晋家具除了吸收各流派特色外，还着力模仿清代紫檀家具的工艺。

三、清代宫廷家具

清式宫廷家具是指“清政府为配置紫禁城和圆明园、避暑山庄等行宫以及方便皇家外出使用而制作的家具”。清式宫廷家具是清式家具中的精品，囊括了清式家具的所有特点，包括用料珍贵、装饰繁复、中西结合等，也包括宫廷家具独有的特点，如有统治者的直接参与等。

（一）用料珍贵

根据《清宫内务府造办处档案总汇》中有关清宫造办处的档案记录，

乾隆在位六十年内宫廷所用木料品种丰富，有紫檀木、黄花梨、花梨木、楠木、杉木、乌木、黄杨木、桦木、松木、椴木、桐木、柏木、铁梨木、黄木、杨木、梧桐木、鸂鶒木、红豆木、高丽木、沉香木、樟木等20多种。其中紫檀木、黄花梨、楠木最为常用，也最为名贵。清式家具规格庞大，用料珍贵，紫檀家具、黄花梨家具、楠木家具等比比皆是。以极为珍稀的紫檀家具为例，民间素有“紫檀无大料，十檀九空”之说，大料紫檀很少见，多用紫檀制作扇骨、小造像等。而故宫博物院现存的清式紫檀大案竟长达三米，还有两米高的紫檀大柜，足见清式家具用料之珍贵。

紫檀家具流行于清代中叶，但紫檀的开采实际上主要集中在明末。因明代偏爱色彩鲜艳的黄花梨家具，未使用紫檀。康熙末期，黄花梨逐渐稀缺，伴随着玻璃的广泛使用，室内采光条件得到改善，红木家具逐渐兴起，成为当时的流行时尚。紫檀木性质稳定，实木，质地细腻，色调深沉，适合雕刻，给人以稳重典雅之感。不过紫檀的存货有限，宫廷偶尔会从私商处高价收购。几乎每一年，《清宫内政建办各处清册》中都有购买紫檀的记载。由于紫檀的珍贵和稀缺，清代中叶以来逐渐形成了一个不成文的规定，即无论官职高低，只要见到紫檀，就买下来递到皇宫或各种皇家制造机构。

故宫博物院收藏的清代宫廷遗留的紫檀家具中大件器物占很大的比重。当然，其中的一些紫檀大柜也是鲑鱼鳔胶或猪膘胶拼接的，但使用的紫檀木材的确是比较大的料。

（二）装饰繁复

清代是中国家具发展的高峰期。清初基本沿用明式家具风格。乾隆年间，由于国家的繁荣，经济和手工业的飞速发展，以及统治阶级享乐主义的心理作用，清式家具呈现出雕刻精美、装饰精美的特点。能工巧匠使用上等的木材，结合各种高超的技艺，创造出大量精美的家具。乾隆时期的清式家具不再仅仅为了满足统治者的坐卧生活的基本需要，而是具有“求多、求全、求富”的风格特征。

清式家具的雕刻、珐琅、镶嵌、烫金、漆器和玻璃工艺都与家具生产合作。通过提供支撑配件，木工工艺与其他形式的工艺相结合。塑造清式宫廷家具的创新风格和主要特色。清式家具追求富丽堂皇的装饰，采用镶嵌、雕刻、绘画、堆叠等多种技法。为了寻求新的多彩效果，制作者们几乎用上了当时所有的装饰材料，并不遗余力地探索家具制作与各种手工艺品的结合，寻求新奇。其中，最常用的装饰技法是镶嵌和雕刻。

（三）中西结合

清式家具既继承了明式家具的优点，又大胆借鉴西方文化。可谓清式家具的创举。受西方文化影响的清式家具大约有两种形式。一种是直接采用外国家具的风格和结构，量少，做工粗糙；一种是以中国传统家具的形状和结构为基础，采用西方家具的风格或图案。清式家具的设计图纸不仅有国内工匠设计，也有西方工匠设计。西洋工匠将西方巴洛克和洛可可风格的装饰引入清代宫廷陈设，形成中式和中西相结合的风格。从现有的清式家具来看，在传统家具的基础上，借鉴西式家具风格和图案的家具占有相当的比例。清末，广式家具在保持清代传统家具优点的同时，充分吸收了欧式家具雍容华贵的艺术风格。

（四）统治者的直接参与

传统审美有其历史渊源和传承关系，是一代又一代制造者和接受者共同作用的，符合当时当地的审美需求，并不断丰富、演变，最终形成既有的意识和认知。在帝制社会，尤其是宫廷空间内，直接影响清式家具创作风格的因素来自统治者的审美倾向，这是特定时期的特定因素。宫廷家具旨在为统治者服务，不带有商品属性，不需要通过买卖获取利润，仅为特殊阶层制造，那么这个阶层的审美，尤其是最高统治者的审美便直接决定了清式宫廷家具的风格。这种风格有一般性和特殊性的区分，一般性的审美譬如吉祥图案的大量使用是统治者普遍首肯的，乃传统审美；而特殊性则取决于不同统治者的个人审美。

统治者的直接参与是体现其审美的主要途径。雍正皇帝对包括家具在内的所有艺术品都有很高的要求，他对制造机构所呈献的活计称赞“甚好”或“留样”的次数很有限，偶有满意的样式，就下旨多做几件或使用其他材质再做几件。但更为常态的是不满意，于是按其认识和喜好对造办处制作的器物重新修改。雍正皇帝对于中国传统木器有深刻的理解，熟悉木器的结构与工艺，因而从设计到制作，从局部到整体，都提出过很好的修改意见，并总结出所有宫廷器物都要达到“恭造式样”的制作标准，其具体表现为秀气、素净、雅致、精细。所以，雍正时期制作的家具被认为是清式家具的最高水平。

第二节 清式家具分类

一、坐具

（一）椅

1. 官帽椅

清官帽椅和明官帽椅有着明显的区别。官方的清式官帽椅背柱和两条后腿不是由一整块木材组成的。相反，靠背和座椅表面是分开的。靠背和扶手以五屏或七屏的形式出现。走马销和座面位于下方。乾隆时期的官帽椅背角小，四支腿有少量侧角收分，靠背和搭脑部由一大块木头制成。因为靠背主要靠扶手支撑，故宫的帽椅也是扶手椅。清末，政治经济衰退，民族手工业趋于衰退，珍贵木材稀少，家具制作技艺不如从前。晚清椅不再有背角，而是直接变成了 90 度直角，没有侧角收分。

图 5-2-1 中的清代的核桃木官帽椅搭脑中部高起，略呈中部高两边低的凸字形。扶手为曲线式，联帮棍上细下粗，有收分变化。靠背板分三段攒做，上部雕出圆形螭纹，中部用落堂踩鼓作，下部为亮脚。座面为硬屉，座面下有三券口，足部安有步步高踏脚枨。

图 5-2-1　核桃木官帽椅

2. 靠背椅

清式椅子的靠背和座面往往不是由一块木头制成的，因此靠背椅相对较少，因为它们没有扶手。靠背椅的造型比官帽椅略小。椅背的横梁两端与官帽椅有些相似，脑的两端都是柔软的圆角，有的是出头式。出头式靠背椅两端略微倾斜，很像一根带灯的灯杆，因此也被称为“灯挂椅”。这把椅子的特点是轻便、灵活和易于使用。清初民初，出现了中西合璧的椅子，即在两个靠背架前各放一个角手，目的是为了加强椅子的承重。但是，由于张力不足，如果用力过猛，背部的阻力会增加，容易折断背部下方的角牙和榫销。

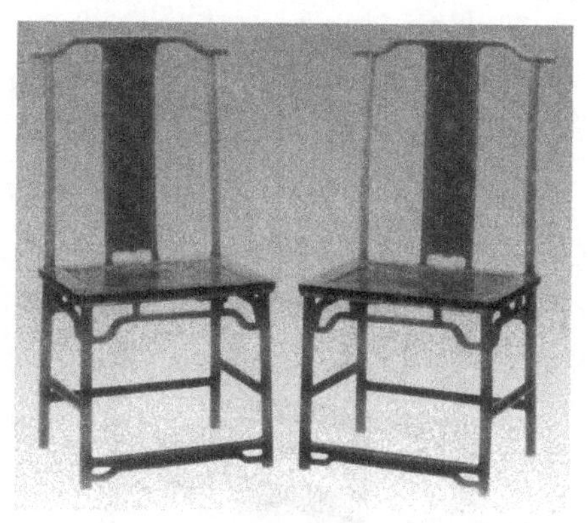

图 5-2-2　红木漆描金万福团花靠背椅

3. **圈椅**

清式圈椅的形制沿用明代，主要在装饰工艺上形成典型的清式风格，注重雕刻等效果。如清代红木蝠磬纹靠背圈椅（图 5-2-3）。此椅长 61 厘米，宽 51 厘米，座高 52 厘米，现藏北京市文物局。椅圈五接，靠背上雕蝙蝠、磬、丝穗纹，有“岁岁福庆”之意。椅面以上为圆材，以下外圆里方，装饰两灵芝纹卡子花。前、侧、后三面踏脚枨为步步高形。

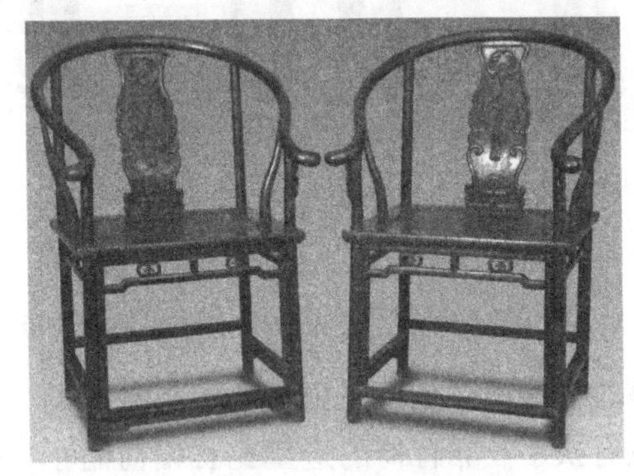

图 5-2-3　红木蝠磬纹靠背圈椅

4. **玫瑰椅**

玫瑰椅的制作与使用主要流行于明末清初，到清中期仍有制作，但清后期制作的就比较少了。现存可见的清代玫瑰椅多数是清中期之前制作而成的。

图 5-2-4　黄花梨直棂玫瑰椅

5. **宝座**

宝座是很典型的清式家具，是一种大椅子。宝座的结构和形状与罗汉床非常相似，但其形状比罗汉床小。宝座主要放置在宫殿的正殿，供皇帝和妃嫔使用。一些宝座也被放置在侧厅或客厅的显眼位置，通常是单独放置的。如清代五屏紫檀宝座，长 128 厘米，宽 80 厘米，高 113.5 厘米。首都博物馆的第二个宝座采用五屏风格，靠背和脑部中间雕刻有悬垂的蝙蝠图案，两侧对称。它饰有香草龙图案，装饰延伸至扶手。心板为浮雕山水图案，心板背面阴线戗金，雕刻山水图案。座面下方有一个托腮，顶部有一个蕉叶图案，在颊托之间放置了束腰。四足和牙板均采用实心材料制成，背面为马蹄形足，下方为四个短垫。

图 5-2-5　清·紫檀五屏式宝座

（二）绣墩

清代的绣墩，在造型上较明代绣墩略显瘦而秀气些，并且还衍生出梅花式、海棠式、六角式、八角式等多样类型。其材质除木质外，也有蒲草、竹藤、大漆、瓷等，会根据不同季节而使用不同材质。如冬季时多使用蒲草编制的绣墩，夏季时多使用竹藤编制的绣墩，木质的绣墩一年皆可用。墩上铺上软垫和精美的刺绣坐套，不仅使绣墩名副其实，更有利于家居的装饰与摆设。

清代紫檀四开光绣墩座面直径 29 厘米，腹径 39 厘米，高 51.5 厘米，现藏首都博物馆。座面圆形，面心板平镶，上墩圈四镶，底束腰。四足用整料挖缺做成弧形，上雕如意云纹，以抱肩榫和上下墩圈及牙板相接。牙板外飘，上面雕兽面纹。上下牙板之间用弧形立枨连接，立枨中部镂雕蝙蝠纹。

图 5-2-6　紫檀四开光绣墩

二、卧具

清代床位也大致可分为四柱床、拔布床、罗汉床三种。此时，床的款式逐渐繁复精致，兼具实用和审美价值。

清代红木镶石五屏罗汉床长 204 厘米，宽 133 厘米，高 135 厘米。床围栏为五屏式，中间高，依次落下。围栏由攒边砌成，镶嵌圆形和长方形大理石，大理石上饰有镂空图案。每个屏风用榫头相连，围栏和床边用榫头连接。不带束腰，四支腿直接与边抹用榫连接。擦边下、足间刻有花齿，花牙正面和两侧饰有各种宝物。足部外翻，刻有卷曲云纹。

图 5-2-6　红木嵌石五屏式罗汉床

清代红木嵌螺钿三屏式榻长 157 厘米，宽 56 厘米，座面高 48 厘米，背高 82 厘米。床围栏看去好似七屏风式，是为攒框加枨间隔的三面围子。宽大的壶门、牙板与床面和直腿相连，造型显得结实利落。榻上遍饰有螺钿镶嵌组成的花鸟禽兽纹。

图 5-2-7　红木嵌螺钿三屏式榻

三、承具

清代桌、案、几的种类与明代相似，应用广泛。当然，不同朝代的审美与喜好各有不同，故一些品种依然流行，一些品种可能悄然退出舞台，还有一些新品种被衍生或组合出来。如架几案成为清代最常见的品种，它由两个大方几和一个大长案组成，方几为凡座，长案为面。把两个方几依据一定距离标准安放好，再把案面平架起来，放置到方几上，由此组成了架几案。架几案一般形体都较大，多放置在大堂中，用于摆放大件的陈设品。清代中期出现了一种合拼起来呈六角形的桌子，俗称“梯形桌”，这种桌子的使用方式与半圆桌一样，通常在寝室中使用。清末，方桌、霸王枨方桌、罗锅枨方桌三种形式的桌子日渐减少，出现更多的是透雕各种吉祥图案、注重装饰效果的花牙条几。

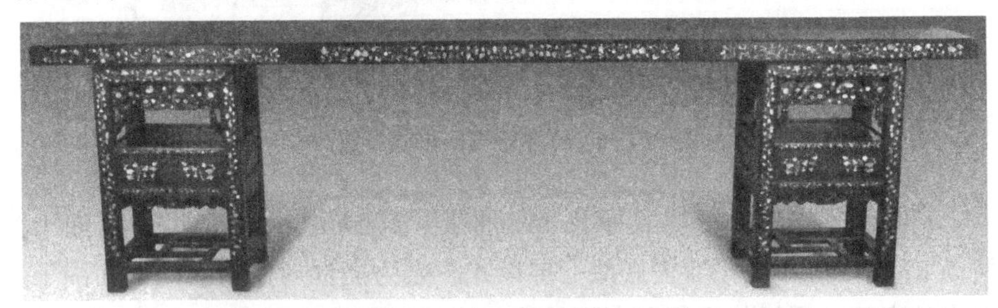

图 5-2-8　红木嵌螺钿架几案

图 5-2-9　紫檀透雕西番莲纹梯形桌

炕桌、炕案是在床榻上或席地上使用的矮型家具。清军入关前以渔猎游牧为生，习惯席地而坐。入关之后，仍然在一定程度上保持使用炕桌、炕案的习惯。因此，在清式家具中，矮型家具依然占有相当比重。清代时，人们习惯将各式小条桌、小条案统称为“琴桌”。这与明代所说的琴桌有所不同。这种被称为“琴桌”的小条桌、小条案可以放置琴，但更多是用于陈设，以示清雅之意。清式扶手椅大多有束腰，因此清式茶几也有束腰。清代晚期出现的新的家具品种花架，又被称为“花几”，是专门用于陈设花卉盆景的几类家具，多设在厅堂各角或条案两侧。（图 5-2-10—图 5-2-13）

图 5-2-10　红木炕桌

图 5-2-11　红木拐子纹条桌

图 5-2-12　紫檀嵌沉香木案

图 5-2-13　黄花梨茶几

四、庋具

(一) 柜、箱

清式柜类家具在品种和造型上与明代相比变化不大，形体都较高，对开门，柜门中间有立栓，饰有铜饰，可以上锁，柜内被隔为数层，用于存放衣物、书籍等。清代玻璃出现后，有的柜门还用玻璃镶嵌，做工讲究，精美大方，既有实用价值又有欣赏价值。清代的橱和箱延续明代的形制与类别，只是装饰更为华丽，雕刻、镂空的面积增大。

清代紫檀雕云纹顶箱柜长 92.5 厘米，宽 37 厘米，通高 185 厘米，现藏北京艺术博物馆。此箱由顶箱和立柜两部分组成，顶箱和立柜均设对开门，前面和两侧的底枨下装牙条，柜门及牙板浮雕云龙纹，四腿直下，方足。

图 5-2-14　紫檀雕云纹顶箱柜

清代金丝楠木顶柜长 183 厘米，宽 77 厘米，高 325 厘米。现为北京龙顺城中式家具厂收藏。这件家具由一个顶柜和一个橱柜组成。顶柜和橱柜都装有并排门。四门雕龙出海，层次饱满，铜雕纹饰，做工很精致。前、两侧安装下杆，四直腿向下，柜脚为方形。

图 5-2-15　金丝楠木顶箱柜

清代鸡翅雕木顶柜长 97 厘米，宽 43. 2 厘米，高 204. 7 厘米。现藏首都博物馆。这件家具由一个顶柜、一个衣柜和一个抽屉组成。顶柜和壁橱均是并排门，上面刻有五爪云龙图案和海水江崖图案。门由黄铜颌与柜体相连，中间为黄铜片，锁和标牌上刻有龙图案。顶柜和立柜的两块中央面板呈落堂式。衣柜底部有两个抽屉，抽屉面板上刻有云纹，中间有黄铜把手。前下框下方有牙板，雕刻有云纹图案，两侧及后下框下方设有壶门形平牙板。四个直腿，足为方形。

图 5-2-16　鸡翅木雕云龙纹顶箱柜

清代红木雕云龙纹箱长 107. 5 厘米，宽 62 厘米，高 48. 5 厘米，现藏北京艺术博物馆。此箱为平顶，上雕云龙纹，箱体两侧装铜提手，设有铜垫圈，以免提手放下时擦伤箱体。箱子正面雕刻二龙戏珠纹。

图 5-2-17　红木雕云龙纹箱

（二）架格

多宝格是一种很特殊的架子，流行于清代。不放置书籍，主要用于展示稀有古董，故又称“博古格”“什锦格”“百宝阁”。多宝阁是书房、厅堂常用的家具。其最大的特点是利用水平或垂直的木板，巧妙地将格栅内部划分为水平和垂直高度不均匀的独立存储空间，并根据家具的形状进行不规则的划分，自由灵活，变化无穷。在格子板上，刻有各种精美的纹饰和图案镂空，整体造型精致清晰，凹凸不平，使格子本身具有美感和艺术感。因此，多宝格本身既是实用的产品，也是优秀的艺术品。

清代红木雕云龙纹多宝格长 93 厘米，宽 40 厘米，高 193. 5 厘米。上部为六孔多宝格，每个格的四周均有镂空牙条，上部四孔多宝格横向排列，下部两孔多宝格横向排列。中部横向排列四个抽屉，抽屉面上饰云纹，面中装黄铜拉手。下部为两扇对开门，内装膛板。抽屉及门板上浮雕云龙纹。底部牙板雕刻回纹。

图 5-2-18　红木雕云龙纹多宝格

清代紫檀包镶多宝格长 96 厘米，宽 40.5 厘米，高 194.5 厘米，现藏北京艺术博物馆。此多宝格分为三部分，上部为多宝格，中部为抽屉，下部为两扇对开门。多宝格内板面黑漆鬃饰，并在其上用金彩绘山水纹和花鸟纹。抽屉及对开门板面满雕人物故事纹。拉手及合页为珐琅制品，四腿直下，四足装于铜套内。

图 5-2-19　紫檀包镶多宝格

五、其他类

（一）屏风

有些家具曾经流行过一段时间，但随着时间的推移，它会逐渐衰落甚至消失。屏风相反，它不仅持续了数千年，甚至在清朝也达到了顶峰。清朝统治者欣赏能体现其皇室地位和威严的陈列品。他们认为，屏风越华丽复杂，就越能彰显自己的身份、地位和审美情趣。因此，清代屏风的装饰功能逐渐变得比屏风功能更重要。

清代屏风形体雄大，多摆置在正殿或厅堂，与宝座组合，前座后屏，体现威严富贵。屏风多为“三山屏”或“五岳屏”，上有帽，下有座。清代屏风与明代屏风最大的区别是多采用插屏的结构。清代屏风的规格一般都比较大，多分成上下两部分制作，需要组合使用，同时搬送、运输也很麻烦，所以采用插屏的结构方式比较符合实际情况。其次，清代屏风常配以大理石、西洋玻璃等，比明代屏风多了些西洋的味道。

图 5-2-20　紫檀嵌铜海水龙纹四扇折屏

(二)梳妆台

梳妆台分为高、低两类。低型类似于官皮箱。它们不大，可以放在桌子上。使用时，打开对面的门，放上铜镜，里面有很多小抽屉。优质的梳妆台有一个类似桌子的柜台，柜台上竖立着一个镜框，镜框内装有玻璃镜，因此也被称为“镜台”。框架旁边有几个小抽屉，可以存放化妆品、首饰等。台前有凳子，可供梳妆和在镜子前穿衣。这种带玻璃镜面的梳妆台在清朝中叶很流行。

图 5-2-21　黄花梨镜台

(二)灯具

清代的灯具在明代灯具的基础上，发展出更加丰富的样式。常见的有放于地上的立灯，置于桌案几架上的座灯，挂于楼堂庭院的挂灯，装在墙面上的壁灯，手持的把灯，引路的提灯等。

图 5-2-22　紫檀灯架

第三节　清代家具的工艺与装饰

清式家具选材讲究，造型厚重，尺寸宽大，装饰华丽，形式多样，技艺精良。清式家具的装饰颇为华丽，多采用嵌、雕、描、堆等工艺手段。其中以嵌与雕最为常用。

一、镶嵌

“镶嵌”包括将一个物体嵌入另一个物体的边缘；也包括将较小的物体插入较大物体的凹槽中。镶嵌工艺品作为一种装饰工艺，在我国很早就出现，主要用于首饰和工艺装饰。经过几千年的发展，由于工艺水平、社会生产力水平和审美情趣的限制，镶嵌工艺在明代以前几乎没有用于家具制作。明朝时期，家具制作业发展迅速，分工逐渐细化，促进了明式家具装饰技法的多样化。因此，镶嵌工艺常与金属工艺、漆器工艺相结合，自然而然地用于家具制作。与以往的金属、漆器镶嵌相比，明代家具镶嵌工艺有了新的发展，产生了百宝镶嵌等新工艺。百宝镶嵌是在古老的螺钿镶嵌技术的基础上，加入宝石、象牙、玉石等名贵材料，提升主题，强化装饰。用百宝镶嵌本身制作的图案，会汇集多种不同的质感和色彩，同时随着光线角度的变化，呈现出多种光泽。清代以后，百宝镶嵌虽然只经历了几十年的发展，但无疑成为家具制作中最重要的装饰之一，其丰富多彩的艺术效果深受皇室喜爱。清代百宝镶嵌不仅继承和发展了传统的螺钿镶嵌、玉石镶嵌，还创造了新的骨、木、珐琅镶嵌，并引进了许多西方的设计和构图方法，为我国传统艺术注入了新的活力。清代内务府制作了大量的宝物镶嵌，用于宫廷陈设，供皇室享用。

用于家具的镶嵌方法主要有平镶嵌法和凸镶嵌法。平面镶嵌法主要用于漆器家具和某些家具；凸嵌法主要用于素色漆木家具或硬木家具。平镶嵌法是先在家具的框架上涂一层生漆，在漆未干前粘上一块麻布，用压机压实，然后在干燥后再涂一层生漆，并装饰准备好的镶件。生漆有黏性时，将其粘贴好，然后用灰腻子在底上刷两次，每次都需要抹平。这层细灰干了以后，根据想要的颜色涂上不同颜色的漆，一般是两到三遍，使漆层高于嵌件，然后抛光，使嵌件充分暴露，最后，涂上一层薄薄的油漆。压花法是根据图案的需要，先雕刻出一定的凹槽，将镶件粘在凹槽内，然后在镶件表面应用合适的毛雕，使图案更加生动。由于压花嵌件的表面高于基底，因此呈现出浮雕效果。

（一）螺钿类镶嵌

螺钿镶嵌技艺的产生和使用在我国历史悠久，从未间断，明代时开始运用于家具的装饰上，到清代时广为流传。清式家具上嵌螺钿的固定搭配有黑漆地嵌螺钿、黄花梨嵌螺钿、紫檀嵌螺钿等。螺钿因其硬度的不同而分为硬螺钿和软螺钿。硬螺钿一般是海蚌的硬壳，如砗磲，个头大，壳硬，外表为褐色，有凹渠，切开磨制后呈白色，可用于装饰。软螺钿取自小海螺的内表皮，薄而脆，很难剥取，但是颜色缤纷，十分好看，故又有“五彩螺钿”之称。软螺钿一般镶嵌在椅背、桌沿、屏框上。嵌螺钿的家具保存得会比较完好一些，因为螺钿不容易脱落，而漆也有保护家具的功效。

（二）玉石类镶嵌

用于镶嵌的玉石多为下脚料，有青玉、碧玉、墨玉、牛油玉、翡翠、玛瑙、水晶、碧玺、金星石、芙蓉石、孔雀石、青金石等。这些玉石料多镶嵌于家具的面板、牙板、屏心、屏框上。

（三）瓷板类镶嵌

将各式各样的彩瓷镶嵌入家具中，也是清式家具镶嵌装饰的种类之一，以青花、粉彩、五彩、刻瓷为主，为家具增添了无限活力。此类家具江西地区制作得较多。

此外，还有珊瑚、牙角类、珐琅等镶嵌方式。

二、雕刻

精雕细琢是清式家具的重要特征之一。雕刻在家具上的图案不仅与家具的产地相对应，还可以作为判断家具生产年代的基准。例如，可以将家具上雕刻的图案与瓷器和其他手工艺品进行比较，以推断家具的年代。此外，雕刻的图案和雕刻的技巧也是判断一件家具的出身、年代和所属社会阶层的重要参考。

经过长期的实践探索和总结，我国的木雕技法分为“圆雕、浅浮雕、高浮雕、透雕、阴雕、开双面雕、镶嵌雕”七大类。其中，圆雕和透雕主要用于艺术品和小装饰品，家具中使用较少。清式家具主要采用的木雕技法有浅浮雕、高浮雕、阴雕、开双面雕和镶嵌雕刻。现在介绍浮雕（浅浮雕、高浮雕）、阴雕和透空双面雕刻的技法。

（一）浮雕

浮雕是“平面上的一种浮雕”，可分为低浮雕和高浮雕两种形式。浅浮雕是指物体压缩体形的凹凸不超过圆形雕塑二分之一的浅浮雕，高浮雕则超过二分之一。浅浮雕接近绘画，线条流畅，艺术效果轻盈雅静；高浮雕贴近雕塑，结构饱满，密度适当，错落有致，栩栩如生。

（二）阴雕

阴雕又称“沉雕”，是一种在木材平面上的凹雕方法。阴雕过程相对简单。一般来说，用较深的油漆涂刷木雕，可以产生有黑白分明，类似于水墨画的艺术效果。阴雕在家具上并没有被过度使用。

（三）透空双面雕

透空双面雕刻类似于苏州的双面绣。就是在同一材料的正反面雕刻一种图案，或在同一材料的正反面雕刻不同的图案。这种雕刻方法需要高超的技巧和巧妙的构思。

雕刻时，刀要熟练，不能有停滞，而且要十分注意打磨工作。各种雕刻的表面必须打磨得细致圆润，光泽如玉，不显雕刻痕迹。打磨是对雕塑的修饰和打磨，是家具再造和升华的过程。清代的精湛工艺，后世从未达到。工业术语“三分雕七分磨”表示雕刻和磨削的比例关系。从某种意义上说，每一件优秀的清式家具都是一件优秀的木雕艺术作品。木雕艺术不仅是清式家具制作中的一门技术，而且是清式家具装饰的重要组成部分。家具的组成部分为稳重美观的清式家具画龙点睛。

三、髹漆

除了硬木家具，清代的漆器家具应用也很广泛。各种工艺的漆制家具色彩绚丽、纹饰华美，具有斑斓瑰丽的艺术效果。清式漆器家具以吉祥图案为装饰主题，反映了人们对美好生活的向往和追求。其主要特征为“造型庄重、雕饰繁重、体量宽大、气度宏伟，脱离了宋、明以来家具秀丽实用的淳朴气质，形成了清式家具的风格”。从技法上，清式雕漆家具主要有洒金、描金、描漆、填漆、戗金等几种类型，其中白描金彩手法是清代典型的髹漆方式，也是鉴定清式南方家具的依据之一。

（一）洒金

洒金的做法是将金箔碾成末儿，洒在漆地上，再刷一层透明漆。在漆器家具中的山水风景装饰中常用此方法，以装饰云、霞、山、水等。

（二）描金

描金在髹漆工艺中运用较多，是一种在光亮的漆地上描以金色花纹的方法。在底色的衬托下，描金花纹显得格外明快、富丽。

具体制作方法是先制作黑色或红色漆，打磨抛光后，用半透明漆与朱漆混合使图案变浅，称为“金脚漆”，直到漆即将干为止，然后用丝棉球在图案上涂上金粉，金色图案就完成了。当然，具体操作还有很多细节。比如控制足部金漆的干湿，就是一个很重要的环节。由于金粉过重，金粉的附着力会过大，影响颜色的亮度。

这种用丝棉球着金粉的做法又可称为“泥金”。《髹饰录》曰：“描金，一名泥金画漆，即纯金花纹也。朱地、黑质共宜焉。”在日本，泥金画漆被称为“莳绘”。日本的莳绘工艺源于中国，到清代时已有很大发展，且反过来对中国髹漆工艺起到了积极的影响。

（三）描漆

描漆就是在光素的漆地上用各种色漆描画花纹。由于受漆色品种的限制，有些调不出来的色彩会在实施过程中结合描油的手法进行调制。

（四）填漆

填漆就是在漆面上阴刻出花纹，然后按照纹饰的色彩用漆填平，或是用稠漆在漆面上做出高低不平的地子，再根据纹饰的要求填入各色漆，待干后磨平。

（五）戗金

戗金就是指“在朱色或黑色的单色漆器表面上，采用特制的针或细雕刀，进行雕刻或刻划出较纤细的纹样后，在刻划的花纹中上金漆，花纹露出金色的阴文者，则称‘戗金漆器’”。制作漆器时，在漆面表面上刻划花纹称为“戗划”。戗划之后若填以金漆，则称为“戗金”；若填以银漆，则称为“戗银”；若填入其他色漆，则称为“戗彩”。

第四节 多元文化的融合——清式家具文化

一、清代家具中的外来元素

康熙到乾隆持续达百余年的盛世中，清式家具的风格逐步受西方文化的影响开始发生变化。在造型结构方面，从造型简洁的明式家具变得浑厚庄重，突出了用料宽大和体态丰盈的特点。在装饰上求多、求满和求繁琐，以求达到富丽堂皇的效果。

（一）巴洛克风格对清中期家具风格和特点的影响

巴洛克艺术风格盛行于 17 世纪初至 18 世纪中叶。这种风格诞生于意大利，并在法国一度盛行，这种风格渗透到绘画、建筑和家具等各个不同的领域。它以浪漫主义作为出发点，并对多变的曲线和曲面进行大量的运用，追求生动活泼、热情奔放的艺术效果。“运动感”和“华丽感”是巴洛克艺术风格的核心思想。

巴洛克家具的东方元素巴洛克风格与当时的东西方风格都有巨大的差异，但是同时有着千丝万缕的联系。以法巴洛克椅为例，家具用色风格上有着典型的东方风格，突出体现在对黄色和天青色的运用上，黄色源于丝绸，而天青色是瓷器的特色。中国封建王朝“以黄为贵”，中国皇室的代表色就是黄色。巴洛克风格将明亮的黄（金）色作为家具的主色调，营造一种高贵、奢华的感觉，象征着使用者的地位。同时将瓷器那种独特的天青色点缀于白色底色之上，让所有者在奢华之中，又感受到一丝宁静和典雅的异国情调。首先从造型上看，清中期家具受巴洛克家具的影响，在造型上逐渐由“轻巧感”向“厚实感”转变。巴洛克式家具为了给人一种浪漫、动感的韵律美，经常采用一些富于动态感的曲线、斜线、曲面和斜面。清中期家具则借鉴了这些风格的造型元素，以鸡翅木圆梗钩子头扶手椅为例，将这些富有动感的曲线和斜线运用于家具上，与固有的直线结合并形成对比。这种手法使得家具的形体更加趋于复杂繁琐，某种程度上增加了家具的繁琐和厚重感。再从装饰上审视两者，可以发现巴洛克家具在表面装饰上不仅大量运用精致的雕刻、金箔贴面，还利用植物的纹样和天使的图画来渲染装饰的气氛，从而达到富丽堂皇的艺术效果。而清中期家具风格也学习巴洛克家具，在制作中频繁使用雕、镂、嵌等手法，比如将雕有双龙捧寿、喜鹊登梅等一些吉祥图案的玉石嵌入靠背作为局部装饰，以达到增加家具的“体量感”的目的。另外，清中期家具的牙条上还出现了植物纹样，与巴洛克家具的植物图案相呼应，是清中期家具学习吸收巴洛克风格的佐证。清中期家具虽然受巴洛克家具的影响，装饰图案比之前的家具更加复杂繁琐，但从局部和整体、装饰与整体形态的关系上看，仍然表现出一种简洁、朴实、典雅之美。

（二）洛可可风格对清中期家具风格和特点的影响

洛可可风格的艺术特色在路易斯十五时代，以伏尔泰为代表的哲学家在欧洲发起了启蒙运动，使人们思想从教会的桎梏中得以解放。在艺术领域中，一批画家参加了以路易斯十五的情妇蓬帕杜夫人为中心的艺术沙龙，其特点是艺术讲究纤巧、精美和华丽，追求以女人享乐为中心的充满脂粉气息的纤巧风格，在艺术史上被称为洛可可风格。这种风格在家具造型上的表现为排斥直线，并代之以 C 形和 S 形变化的曲线，最终使家具呈现出婀娜多姿的形态。在装饰方面以轻淡的色彩配上金色的装饰边条，以达到绮丽、炫目的装饰效果。在这一时期，制造工艺精湛、造型轻巧、装饰设计华丽的洛可可风格家具，其艺术水准在欧洲家具史上达到了登峰造极的地步。洛可可式家具首先吸收明代家具结构科学严谨，做工精细，在造型上简洁大方的特点。洛可可式家具摒弃了巴洛克家具硕大笨重、丰满肥厚的造型，形体向更加纤细而轻盈的方向发展。同时其大量使用 C 型和 S 型曲线来勾勒家具的主体，这和以线为主的明朝家具有着异曲同工之妙。在装饰方面，洛可可式家具借鉴了丝绸和瓷器上的精美图案，并将其运用于装饰之上。并且学习彩绘家具的做法，将山水画、人物画和花鸟鱼虫雕刻于家具的纹样之中。这样的洛可可式家具样式多变，色调清淡，给人一种纤细柔美的艺术感受。在装饰和造型上有着明朝家具影子的洛可可家具，风格上依然流露着东方情调。洛可可风格在法国盛行时，中国正值康乾盛世。此时，清代家具不仅继承了早期家具的优点，还大胆借用了洛可可式家具中的许多元素。其一，清中期家具在造型上追求创新。在家具中添加流线条，以模仿洛可可家具中的C形和S形曲线，更加强调使用曲线的舒适度和美感，和受巴洛克风格影响的清中期家具相比，在体量上由笨拙朝着轻盈的方向发展。其二，清中期家具在装饰上，装饰性较为明显。明家具的特征为简洁质朴，但清式家具受洛可可风格家具的影响，与之前简约的风格背道而驰。设计者充分领悟吸收了洛可可风格高贵、华丽和女人味的特点，在制作中大胆地使用一些碎花的雕刻设计来表现出家具的华贵和脂粉味，这些雕刻花纹和传统的象征吉祥高升云纹相呼应，使整个家具看起来更加灵活生动。设计者穷尽当时一切可以使用的装饰材料和装饰手法，力求推陈出新，从而迎合统治阶级新颖和猎奇的审美需要。

二、明代家具与清代家具的比较

(一) 造型

明式家具的特点是简洁美观，以线条为主，尤其讲究线条优美，功能合理。它不以繁复的花饰取胜，而是注重橱柜外轮廓的线条变化。它因物而异，各有各的姿态，给人以强烈的线条美感。如“S”形椅背，既符合人体生理特点，又别具一格。明式家具造型简单，刀法锋利清晰，无需打磨。无论是椅子、凳子、衣柜、床罩还是长凳，造型都简洁、匀称，线条感强，以线条为主。严格的比例关系是家具造型的主要依据。明式家具整体与局部、局部与局部的平衡，充分体现了比例与尺度特征与实用功能之间的关系。明式家具造型简洁明快，比例匀称。家具的造型也是丰富多彩的，而且总是在变化。它吸收了青铜器、陶瓷等其他工艺品铸件的优点，工匠将它们融为一体后，在传统工艺的基础上，提炼成特别简洁、笔直、光滑、坚固的铸件，起到一定装饰的作用。明式家具造型的另一个特点是不以繁复的花饰取胜，而是强调造型中各个优点的充分运用，体现造型的完美。

清代家具稳重、厚重、富丽堂皇，清代家具和明代家具在造型艺术特点上表现出不同的审美风格。清代家具一改历代家具精致典雅的特点，形成了自己沉稳、刚劲、庄重的风格。强调精巧的雕刻，用料大方，尺寸放大，体型丰富，使家具显得富丽堂皇。它具有彰显财富和地位的官僚主义的威严风格，却忽视了家具结构的合理性和人体的协调性。因其用料考究，制作精美，主要用于宫廷、府邸，为富商收藏。清代太史椅的造型最能体现清式风格的特点。其座面加大，靠背饱满，足部坚固，整体造型庄严，如宝座。这些特征也可以在其他家具中看到，例如桌子和凳子。

（二）装饰手法

在鉴别古物时，通常以装饰风格和纹饰来区分年代，家具也不例外。明代家具以造型著称，清代家具以装饰为佳。一般来说，明式家具精致而不精巧，简而不俗，厚而不慢，其独特的审美个性和艺术范式也清晰地体现在装饰图案上。明式家具以小面积装饰，小摆件布置得明快简洁。在明式家具中，小区域常以细微的浮雕或镂空装饰，点缀在最合适的部分，由大面积的素片构成。强烈的对比使整个家具显得明快简洁。

明式家具木雕的构图主要采用对称均衡的图案，活泼生动。明式家具雕刻有浅浮雕、深浮雕、正反雕刻，但雕刻形式主要有线雕和浮雕。明式家具装饰的另一个特点是金属饰物的使用。在柜、箱、柜、椅等家具上，根据功能要求，配备金属饰品。在这些金属饰品中，使用最多的是铜。它们用途广泛，形状也丰富多彩。

明式家具的铜饰件有：颌（铰链）、抢角、画页、提手、扭头、吊牌、环扣等，均为白铜所制。这些饰件不仅发挥了良好的装饰作用，也起到了保护家具的作用。尤其是在大面积的柜橱上，配置白铜饰件，形成了不同质感、不同色彩、不同体量的对比，使闪烁发光的铜饰件，在花梨木、紫檀木等所制的家具上，放射出奇异的色彩。这些富有民族色彩的金属饰件，至今在广大城乡还大量存在，深受人民喜爱。

清代家具装饰繁琐，手法多样，富丽堂皇。清代家具以装饰取胜，喜欢大面积使用雕、镂、刻、嵌以及金银彩绘等装饰手法。装饰手段集历代精华于一朝，雕、嵌、描、绘、堆漆、剔犀、镶金、饰件等工艺精湛高超，镂镂雕剔巧夺天工，且题材丰富。清代家具在装饰上常运用浮雕、圆雕、透雕和线刻等各种雕刻方法，刀法洗练、层次分明，疏密适宜，虚实相生。雕漆（剔红）在清代有很大的变化和发展。清代雕漆鲜红，刀痕显露，不打磨花纹，繁缛纤细，嵌有瓷嵌、玉嵌、珐琅嵌、竹嵌、螺钿嵌、骨木嵌等。除石嵌、玉嵌、竹嵌、螺钿嵌是继承了明代原有的形式外，清代发展创造了骨木嵌、珐琅嵌、瓷嵌等。图案以植物和花鸟居多，构图严谨，生动活泼。清代家具大量运用石材，嵌石装饰较明代有过之而无不及。描金、彩绘在清代家具中占有一定地位。清式家具的装饰，求多、求满、求富贵、求华丽，多种材料并用，多种工艺结合，甚而在一件家具上，也用多种手段和多种材料。雕、嵌、描金兼取，螺钿、木石并用。此时家具，常见通体装饰，没有空白，达到空前的富丽和辉煌。

通过对明清两代家具装饰风格的分析、比较可以看出它们相互之间的承袭关系和形制上的变化：明代家具造型古朴典雅、结构严谨、线条流畅、尺度适宜、榫卯科学；清代家具注重体量，提倡繁纹重饰，崇尚雕刻和镶嵌，从而以富丽、华贵独树一帜。这种变化确实与清朝统治者创造的风格有关，表现出游牧民族的独特精神。但过度追求奢华也带来了一些弊端。清代家具使用多种珍贵材料，所耗人工也是以前所罕见的。

所以我们说，清代家具有许多经验可谈，也有许多优点可取。明清家具在科学技术和材料工艺方面所取得的成就，为以后我们掌握家具制作、材料使用、工艺特点等方面的知识奠定了基础。而清代家具的总体风格则体现着从唐宋代以来形成的带有文人品味的中国传统家具风格的衰落。

第六章　唐宋家具对后世家具文化的影响

唐宋时代，随着起居方式的改变、建筑格局形式的多样化以及文化生活的进一步丰富，家具不仅功能区分越来越明确，而且种类齐全，从品类到形制都不断完善，各类高型家具基本定型。宋代是中国家具史上空前发展的时期，也是家具空前普及的时期。

宋代家具是对中国唐代以前家具的全面总结和梳理，宋代家具是中国历代家具中极具创新性、代表性的家具，明代家具是宋代家具的进一步发展，二者具有一脉相承的关系。

第一节　起居方式和空间观念的变迁

一、唐宋起居方式对家具形制的影响

（一）席地而坐

在远古时代，社会生产力非常低下，穴居或者巢居是人们最主要的居住方式，“构木为巢”是当时人们的首要选择。因此，人们吃饭、休息、睡觉等活动都是“席地而坐”。人们将打来的兽皮、收集的树叶或稻草等铺在地上或者将树木、石块堆积在一起作为生产生活的坐卧工具。那么，这些大自然中最天然的材料兽皮、树叶、稻草、树木以及石块在当时就充当了家具的作用。如果按地域来划分，欧洲人的起居方式是垂足而坐，而亚洲地区在过去的两千多年里，几乎所有的民族都是以席地而坐作为起居

方式。当然，这种起居生活的方式与气候环境是分不开的，欧洲地区常年气候湿冷，地面温度较低，人们无法适应地面潮湿寒冷的温度，所以欧洲一开始就是坐在椅子上面的民族。而相对来讲亚洲整体环境干燥温暖，人们可以忍受在地面居坐。

随着民族文化交流的增加，亚洲地区渐渐地融入西方文化，受外来民族文化的影响，中华民族慢慢地由席地而坐转变为垂足坐，最后彻底地改变了起居方式。然而，现在我们仍然能够从其他地区的生活方式中看到这一古老起居方式的影子，比如日本、韩国、朝鲜、泰国、印度等国家，虽然他们在办公等场所是西化的生活方式，但是他们在家中还保持着席地而坐的生活习惯。

（二）跪坐

早期人们席地而坐，即在地面铺上席子而跪坐在席子上，到了汉代开始盛行坐床榻的习俗，但在床榻上仍采用跪坐姿势。所谓“跪坐”乃是两膝并拢，将臀部坐在自己的脚后跟上，又称为“危坐”，这种坐姿才符合席地跪坐的礼俗，也是最恭敬的姿势。若在比轻松悠闲的场合，为了坐得舒服一点，也可采取“倚坐”的姿势，即臀部着地，两腿向一侧屈曲，手臂可以靠在低矮的凭几上，此外还可“蹲踞”，即臀部着地，双足前置，两膝自然屈曲支立，两臂抱膝而坐。若只跪在席上，臀部不坐下去，而把腰挺直，则称为“跪”。以往在床榻用跪坐姿势，正合席地跪坐的生活礼俗。而胡床传入后，其坐法却与传统的跪坐礼俗不同，它是臀部坐在胡床上，两腿垂直踏地，据《梁书·侯景传》载：“殿上常设胡床及筌蹄，着靴垂脚坐。”这种坐法称为“胡坐”，亦即所谓“踞胡床”。垂足坐改变了传统的跪坐习俗，坐姿由低向高发展的趋势，引起了很多在生活习惯上的改变。高型家具出现后，除影响人们生活习惯外，也影响了器皿的形状，而在人们改用椅子以后，视线也起了变化，窗户的位置及屏风与屋顶的高低也因此改变，饮食习惯与衣着也跟着家具改变。

魏晋南北朝佛教鼎盛，佛教徒的“结跏趺”和“垂脚”坐，在寺院中广为流传，所谓“结跏趺”是佛教徒坐禅的一种姿势，即交迭左右脚于左右股上坐，脚面朝上。北朝后期僧人增多，结枷趺和垂脚坐广被接纳，加之胡床踞坐的流行，名士和隐士们遗弃礼俗跪坐，尽管南北朝在庄严场合跪坐基本上还是主流，但人们由跪坐朝向垂脚坐的趋势，已是一股无法抗拒的潮流。唐末垂足坐已经很普遍，而另一种垂足坐的坐具“凳子”也极受欢迎，样式亦有很多变化。凳子是指一种无靠背的坐具，由战国时的薰笼发展而来，最初并不是正式的坐具，主要用途是薰衣被或巾，多是用竹藤等材料编成。随着高型家具的发展普及，这种薰笼式的坐具也逐渐定型。①

（三）垂足而坐与家具的变化

中国席地而坐的情况，延续了一段很长的时间，魏晋南北朝时，由于各民族间文化艺术的交流与融合，同时也使家具在形制与功能上得以相互渗透与吸收，人们虽然仍习惯席地而坐，但由西北传入中原的胡床已逐渐普及，给中原广大地区的起居方式带来极大的变化，并出现了各种形式的高型坐具，如扶手椅、方凳等，床、榻也开始加大增高，床上除有供倚靠的凭几外，还有作为依躺填腰之用的隐囊。这一时期，席地坐与垂足坐的起居方式并列而存，但当时士大夫之间的清谈风气，与豪放不拘的生活方式，使得易于携带的席在中上层社会中仍广泛被使用着，可知当时的席坐应更符合士人的生活情调。隋唐是席地坐趋向垂足坐，低型家具趋向高型家具转化的时期，此时，各种形式的起居习惯都同时存在，家具的尺度不断增高，新的高型家具也不断地出现，除汉末传入的胡床、束腰圆凳、方凳外，椅子和桌子也开始使用。

在宋朝时，“椅子”这个名词已普遍使用。其座椅设计由于垂足而坐的概念已经通行于一般生活之中，因此此时期的家具已经较为接近现代家具的外形。辽国、金朝时期政治经济上效法宋制，其家具的设计和形制与两宋时期的家具极为相似，因此在民族间的差别性并不明显。

在中国家具的文献中发现，只有少数的文献会独立去介绍元代，主要的原因在于在元朝时，家具的外观形制亦大多模仿宋代时之设计，就连建筑的构建与架构也不例外，但是仍出现了具有朝代特征性与代表性的家具——交椅。此时期盛行交椅的原因在于椅子本身可以随时携带、方便坐卧和收纳，一个更重要的原因则是贵族阶层与高阶士大夫为了区分与一般庶民在财富、身份、地位方面的差别。交椅在元代颇为盛行，在当时，它在

---

① 于伸．木样年华—中国古代家具［M］．天津：百花文艺出版社，2006.

家具中也有相当的地位，一般只有在富贵人家或达官显贵家中才会有能力购入或制作。交椅大多呈设在厅堂之中，供主人与贵客来使用。

战国时代，因为席地而坐的概念，而使工匠设计出高度极低的床，一直到了唐朝，家具的高度，才开始逐渐提高。在南北朝时，由于皇亲贵族为了彰显其身份地位与一般庶民的差别，家具设计开始出现了垂足而坐的新概念。宋代，椅子的名称已完全地融入生活当中，方椅的概念也随之出现，而脱离了以往坐卧都在床上的起居方式。明代，是中国家具在设计与制造方面的黄金时期，由于手工业兴起与文人雅士给予家具外形方面的美学鉴赏，使得明式家具不论在外形或是结构上，都有着创新性与前瞻性。而到了清朝，虽其结合了明式家具的形制结构，但特属于清代的夸张雕饰与繁复的雕工技巧，已破坏了明式家具原有的典雅风格。中国家具由最早期的草席，到战国时代坐卧两用的床榻，最后到明朝的座椅，都明确地说明，椅的形态设计会因不同的时代意义与身份背景来做生活经验与文化意涵上的传承。

隋唐五代时期是中国家具史上的座椅发展期，此时住宅建筑出现了三合院、四合院以及用回廊连接的建筑布局，同时家具也发生了明显的改变，因席地而坐的生活方式仍然被广泛保存着，但垂足而坐的休息方式逐渐成为普遍现象，因此出现高低家具并存的局面。在桌椅普遍使用之后，床专门作为卧具，原先摆放在床榻上的物品被挪到桌上。此外，为了适应人们的生活习惯和使用要求的改变，家具造型更加丰富，名称与功能各不相同，家具的尺寸也因使用人数多寡的不同而有所区别。自五代以后家具的发展趋势以高足家具为主，发展至唐末五代，已由“席地而坐”转变为“垂足而坐”，这是我国家具发展的重要转变。此时高型家具已具备基本形式，为宋代的高型家具打下了基础。随着宋代建筑工业及科学技术的发展，间接促进了家具制作的发展，新种类的家具应运而生。在南宋前期，椅子、凳子在士大夫家只在厅堂摆设，至于妇女居室内，还是习惯坐床，但是生活方式已经完全脱离了席地而坐。北宋家具崇尚朴素，至南宋以来，装饰渐渐发展，重视细节的处理，如装饰性线脚、束腰腿足的设计。朴素简约的宋代家具样式奠定了明式家具的基础。

二、唐宋家具开启明清家具的鼎盛期

宋代家具从功能到设计结构，普及应用到从宫廷到民间的各个领域，无论技术层面还是造型装饰层面，都达到很高的水平。对中国传统的室内陈设和起居、生活方式起到启示和引导作用，为开启明代家具新的篇章，走向家具的鼎盛期打好了基础。

（一）成熟的技术和合理的结构

宋代薄板制作和攒框技术非常成熟，攒框装板技术的推广应用具有划时代意义，它使得板材加工由厚到薄，从实面板过渡到攒框板，克服了早期木构家具用材粗大厚重、制作成本高而且不易搬动的不足。这不仅大大降低了室内装饰装修及家具制作的成本，而且直接促使木构件承重结构与围护结构的分离，完成了家具设计和制作上质的飞跃，直接促进了高型家具的大量面市与迅速普及。

如果说攒框打板是小木作技术在家具中的应用的话，那么夹头榫结构则是家具产生发展过程中属革命性变革的传统专有技术。其广泛使用为宋家具的系列化、成型化发挥了关键作用，在家具的结构和造型两方面意义深远。在夹头榫结构发明之前，桌面与四腿嵌合以后四腿之间为了稳固，依靠四条腿之间的横枨来连接。但是这就给伏案工作带来了不便，与高型家具提高人的工作效率的初衷很矛盾。这种结构方式被宋人发明使用后，成为中国木作家具的主流，一直沿用至今。明代在此基础上发明了插肩榫，其实不过是夹头榫的变种，是另一种应用花样。夹头榫是宋代在家具设计制作上充分理解和成功应用人体工程学原理的典型例证，实现了功能与美观的最佳结合。

（二）自然质朴的材质

在宋代的家具中，大多数使用的是极为普通的材料，受朝廷节俭政策的影响，大多数情况下就地取材，通过造型以及装饰手法表达家具作为居家陈设的表现意味。由于宋代距今千年的岁月，传世的木器几乎无有留存，而宋代不兴厚葬，因而出土文物也尚未发现有硬木家具。目前考古发掘中只见到使用了杨木、杏木、榆木、柏木等柴木材料的宋代家具。

根据《听琴图》《蕉荫击球图》等部分图像资料进行分析，能够把家具设计制作到那么纤瘦精巧，巧到多一分累赘，少一份则不能挺立。这首先必须考虑家具的结构。宋代追求家具的秀挺造型，体现中国传统以线造型的古典韵味，这就要求从结构上减小家具腿足的断面面积，设计更精巧的榫卯结构。而实现这些无疑需要依靠材料的特性，显然杨柳榆等柴木是不具备这些特性的，所以笔者推想宋代纤秀劲挺造型的家具是使用了乌木等硬木材料。因为中国古代拥有丰富的硬木用材的森林资源，应该是明代之后的过度采伐才导致后来硬木缺乏的局面。

宋代竹文化反映在室内意匠方面，不仅表现在庭院中种植竹子，更体现在竹制家具的广泛应用。竹制和藤制家具成本低廉，格调高雅，在宋代应用颇多。如《张胜温画卷》中僧璨大师座椅为竹制禅椅，而杨万里《竹床》诗云："已制青奴一壁寒，更搘绿玉两头安"，竹席、竹夫人的使用则更为广泛。

(三) 装饰精细化

在宋代家具中，有许多桌案椅的腿足出现复杂的变化，有精美的花型雕刻，用明清时的俗称，叫作"花腿"。这种在牙条和腿足雕饰的手法成熟老到，表现力十足，但并不累赘繁复。如南宋《折槛图》中的椅子腿。而《捣衣图》中大案和座椅腿足的造型，在宋代家具中更是非常特殊，基本呈现外翻卷草纹三弯腿，用整块木料雕成，腿足用料丰绰。这种造型除寺院外只有《捣衣图》中有描绘，十分罕见。作者在山西朔州崇福寺考察时，也见到这种形制的家具，应是金代供案在明代改作他用。

宋代的木作家具常用柔软而精美的织物覆盖，体现出一种柔化设计的理念。这种柔性材料在硬质家具中的使用，可以同时达到以下三种效果：其一，对家具是一种保护，增强其耐久性；其二，让使用者更感舒适，体现出一种人文关怀；其三，织物与家具之间材质上的软与硬、色彩上的艳丽与质朴，形成对比的同时又相得益彰，在功能与审美的统一上取得了很好的效果。

(四) 家具形制的创新

宋代社会的经济繁荣、文化兴盛对室内功能提出了更高的要求，这直接反映到家具的设计、制作和使用要求上来。宋代家具在形制上进行了不懈的探索，为了达到以不同类型家具满足人们不同的功能需求，需要在家具的样式、结构以及家具与家具之间的配合上，进行判断、取舍和分析。通过和明代家具的形制进行比较，我们发现宋代的家具，从桌案、床榻、椅凳、柜架大型家具，到香几、琴几、衣架、凳架等小型家具，形制非常完备。桌案类又分为束腰不束腰、弯腿直腿、花腿素腿等类型，椅具又分为多种类型的靠背椅（灯挂椅）、扶手椅（玫瑰椅）、圈椅、交椅等，床榻的形制更是丰富。明代家具尽管技术更成熟、样式更丰富，取得了很大的成就，但研究证明明代家具的形制上基本是在宋代家具所形成的框架内进行改进和发展。尤为难能可贵的是，宋代家具特别注重家具之间的组合与搭配，比如《宫乐图》等宋画中的榻形大案与围坐的方杌或圆墩之间的搭配，不仅在围合、交流的功能上体现家具的搭配关系，还通过相同的造型、相同的装饰来彼此呼应，从视觉上告诉使用者家具之间的配合关系。这种一方面以协调一致的手法获得统一的室内效果，一方面又以特定的装饰手法说明家具之间功能上的固定的组合匹配关系，对后世的室内设计特别是对明代的家具设计具有深远的意义，产生了重要的影响。

第二节　雅俗观念的嬗变

中国家具和装饰的雅俗观念，到了宋代走向关键的转折期。宋代家具结合了精英文化与市井文化，是雅俗文化的碰撞与融合，代表着士大夫阶层审美趣味的同时，也反映出普通民众的喜好。宋人对“理性”思想推崇备至，在设计中秉承“轻简平淡”的艺术准则。从装饰上看，宋代家具装饰总体以线性结构为主，走线简洁流畅，形制古朴简约。宋代家具装饰能够折射出当时社会重视文化艺术、商品经济发达、市民生活丰富等时代背景，也能从中一窥宋代中晚期新兴市民阶级及普通百姓的精神文化与物质追求。

作为社会生活文化与审美倾向的载体，宋代家具不仅承担着实用功能，也是整个时代艺术理念的体现。宋代家居设计的装饰风格受士大夫阶层的影响较大，文人的审美志趣直接决定了宋式美学的发展方向。“渐老渐熟，乃造平淡”，从苏轼对于平淡美的追求能看出，清新自然的“出水芙蓉”在宋代美学中有着举足轻重的地位。另外，宋代理学文化凝结了儒、道、释思想的内涵，是基于理性思想的新儒学，关注器物设计是否具有雅正、质朴、严谨、含蓄的哲学理念，对宋代家居文化审美的提升也至关重要。在文人审美、宋式美学和理学文化的影响之下，宋代家具在审美上达到了较为纯粹的精神层面的高度，简洁雅致的审美文化也潜移默化地影响着其他艺术形式。

一、宋代家具中的文化内涵与审美情趣

宋代文人家具追求“淡泊素雅”的意境，源于庄子“淡然无极”的美学理念。“淡泊”思想符合宋代文人的精神理念，也与宋代家具“雅致”的气质相符合。另外，在禅意文化的影响下，宋人推崇“天人合一”“不工之工”等理念。以宋代家具最具代表性，在造物中寄托意蕴成了宋代文人借物明志的一种方式。宋代家具是实用性与审美性的统一，是自然美与艺术美的融合，在中国传统家具史上开辟了一条“尚意”之道。

二、宋代雅俗观念嬗变的社会背景

宋代家具装饰风格的形成与社会雅俗观念有着密切的关联。宋代士大夫阶层深受统治阶级倚重，同时受市井文化熏陶，文人能够在“雅”文化与“俗”文化之间找到平衡点。尽管宋代文人摒弃世俗文化，推崇高雅文化，但其诗作绘画却追求“雅俗相生”。雅俗观念就此交叉融合进而嬗变，文人思辨融入“俗”文化，将宋代家具从生活用具陈设品中脱离出来，并赋予其新的审美理念。

（一）文人阶层“雅”文化对宋代家具设计的影响

宋代士大夫阶层地位不断提升，由文人阶层所引领的精英文化也愈发盛行。以苏轼、米芾为代表的文人成了审美文化的主流，影响着人们对于雅俗的定义与评判。在绘画艺术中，文人阶层追求清新自然的意境。米芾

在《画史》中写道："黄筌虽富艳，皆俗。"可见，宋人早已将"雅俗"观引入对绘画诗作等文艺作品的品评。宋代"雅"文化不仅影响着文学、书法、绘画等艺术领域，还影响着家具设计。家具是宋代"雅俗"文化在物质生活层面的一个缩影，宋代家具成为文人墨客在集会中展现艺术品位的重要载体。《洞天清录》曾对雅致生活进行了描述："明窗净几，罗列布置……"可见，宋人并未将"雅俗之辨"停滞在理论层面，生活实践中也随处可见利用"雅俗"理念进行的造物设计。士大夫等精英阶层用雅致的陈设器物营造切合其审美旨趣的环境氛围，雅文化也在家具设计里占得一席之位。

（二）市井"俗"文化对宋代家具设计的影响

宋代"俗"文化的兴起源于商业的高度繁荣以及市井阶层审美意识的觉醒，是我国古代俗文化史中的一个高潮，通俗文艺大多形成于此时，如：戏曲、杂谈、版画、词作、词话、泥塑、皮影戏等。《清明上河图》还原了北宋都城汴梁的繁华景象：商铺前摆设高矮不等的方桌与条凳，桌子结构简单不加修饰，注重家具的实用性。画中市肆小店中的实用家具是宋代市井"俗"文化的缩影，呈现了宋代市井家具的陈设形制与装饰风格，从中可以看出通俗艺术与市井文化对宋代家具装饰设计的影响。

三、宋代家具中"雅"与"俗"的碰撞与融合

从狭义角度来讲，"雅俗"是对立范畴，"雅"是精英文化，代表着精致、雅正；"俗"是平民文化，代表着粗浅、世俗。从文人阶层的角度看，"雅"为"正"，"俗"为"变"，"正体"在文艺发展中占主导地位，主导着变体的发展方向与节奏。事实上，宋代雅文化的建立，归根结底是建立在以市井阶层为根基的"俗"文化之上的，"雅"文化的发展离不开"俗"文化的支撑。

"以俗为雅"理念始于北宋，梅尧臣、苏轼、黄庭坚等人都曾于诗词文章中表达个人"雅俗"观。黄庭坚："盖以俗为雅，以故为新。"苏轼将辩证法引入对文化理念的解剖，把相反相成的两种观念辩证地看待。此后，"以俗为雅"的观点逐渐被我国古代的有识之士广泛接受。尽管"雅

俗”具有对立性，实则二者边界并非亘古永恒，随着历史的变迁，人们对于雅与俗的认识也将更加深入，“雅”与“俗”能够相互转换——雅从俗中来，俗向雅中去。例如，《诗经》里的某些美好的字词，慧、珍、兰、香等，原本象征着“雅致”，代表着文化艺术里的“阳春白雪”。如今却被大量地用作人名、地名，就似乎显得“俗不可耐”了。实际上，无论是哪种艺术表现形式，都能在历史阶段、社会环境、人文思想等因素的转化之下进行“由雅通俗，从俗向雅”的转换。

从《清明上河图》与《韩熙载夜宴图》等图像资料来看，宋代家具在宋人日常生活及文化活动中的应用已经不仅仅局限于文人士大夫等精英阶层。相反，宋代家具已被广泛普及渗透于市井生活的各个角落：酒肆、茶坊、药铺、染坊等平民百姓能触及的场所均能看到宋代文人家具的使用。《槐阴消夏图》中所描绘的家具，从形制种类上看已经较为成熟，形成了比较完备系统的家具装饰设计体系。其榻、香桌、屏风、足几等家居陈设，已经形成了统一的设计风格，格调雅致、线条简明、色彩厚重，称得上是宋代文人家具的设计典范。整体看来，宋代家具在装饰风格及手法上表现出浓厚的士大夫阶层的审美趣味与喜好。而随着商品经济的繁荣与社会制度的完善以及宋人市井阶层文化的不断发展与崛起，宋代文人家具已不再是士大夫阶层的专享。市井阶层审美文化意识的觉醒与其对文艺风尚的影响，让原本代表着“雅”文化的宋代家具逐渐融入了“俗”文化的审美。代表着文人阶层的“雅”文化与代表着市井阶层的“俗”文化不再泾渭分明，雅俗文化观念与审美情趣也相互渗透，相互融合，共同打造了宋代家具装饰艺术，最终形成了宋代家具既精致又古朴，既简约又繁复的形态。

宋代雅俗观念的嬗变与宋朝时期社会商品经济、政治及文化有着极其紧密的关联。尽管文人阶层与市井阶层在专业领域、社会地位、文化品位、审美情趣、思想内涵等方面都有着非常大的差异，但两个阶层之间能够在稳定的社会背景之下进行思想的交流与碰撞，这对于雅俗之间的相互渗透、和谐统一有着至关重要的作用。宋人在家具装饰设计中对于“雅俗”文化中“雅俗相生”思想的借鉴，对后来的明代家具装饰艺术的发展有着深远的影响。

明代家具设计继承了这种“雅俗相生”的思想，一方面深受文人品味的影响，另一方面，俗文化继续向家具设计渗透，工匠地位也进一步提升。晚明苏州地区的私家园林大多属于“文人园林”，而园林中由文人们所设计的家具也被后人誉为“文人家具”，可见晚明的文化对苏州的私家园林建筑及当时风格逐渐成型的苏作明代家具都有着极为重要的影响。由于晚明特殊的社会历史背景，江南文人的社会地位发生了巨大转变，而这些转变具体体现于文人们的价值观及审美情趣之中，而晚明文人与工匠合流学习、木作工具的进步及相关专著的出现，也都极大地促进了造园及木作工艺的发展。这些影响因素显然构成了晚明时期苏州园林建筑与家具在设计思想方面的桥梁。

随着晚明人性化需求与社会活动的增加，造园过程中更加重视人在生活中对建筑的需求，因此建筑数量较晚明前更多且分布更为密集，一来是考虑到人对建筑功能需求的增多，再者更加密集的配置也为人的日常生活带来许多便利。对人性与自由的重视也促使文人们在设计园林建筑时勇于打破常规、临机应变，家具设计中体现这种价值观的例子更是不胜枚举，如明代的靠背椅所出现的“S型”曲线靠背板，无疑便是人性化需求得到重视后的结果。在这之前的座椅背板都是与坐面垂直的平直木板，造型端正，制作也更为容易，但缺陷就在于不够舒适。而将靠背板与人体背部的接触面设计成曲线型，腰靠部位外凸，中部后收，便于脊椎保持自然弯曲形态，椎间盘能分担背部压力，让使用者更加舒适省力。

明代自嘉靖之后，匠人服役制度的调整使得匠人的人身自由逐渐得以解放，大大提高了工匠的创作积极性，促进了工艺的进步及产品质量的提高。晚明商业、手工业的发展再加上消费风气的日渐奢靡，人们对于家具、器玩等手工艺品的要求都更加趋向于精美，其需求量也迅速增长，从而带动了手工艺品价格的不断上涨。能工巧匠们所制作的精致手工制品价格昂贵却又十分受欢迎，也在很大程度上提升了手工业者尤其是有知名匠师的身价及地位。家具等手工艺品的艺术价值以及匠人的创作才能在晚明时期得到了社会的普遍认可。匠人的上乘之作，不但展现了其高超的手工技艺，也符合艺术对美感的要求。更多的文人开始承认手工艺品也属于艺术的范畴，而手工艺匠人也开始获得了文士的承认，正式步入艺术的殿堂。晚期文士认为手工艺品与诗画在艺理上是相通的，且民间艺术与文人艺术在品级上并没有高低贵贱之分。

晚明文士价值观的转变，使得文士渐渐改变了看轻工商、远市井的观念，再加上晚明匠人身份地位的提高，使文士与匠人之间的往来日益密切。文士与匠人之间的这种相互交流学习，充分展示出晚明民俗艺术与文雅艺术之间相互合流的现象。

晚明江南地区的一些文士对造园、家具制作等领域颇为喜爱，甚至身体力行地参与到匠人的制造过程中来。文士与各行各业的匠师沟通交流，不仅有助于了解民间艺人的创作见解及制作经验，提升自身的艺术审美水平，还能培养各方面的艺术才能，增长实际技巧与经验。对于匠人而言，经常和文人雅士打交道，也可以从其身上学到许多知识见闻，从而提高自身的审美情趣及创作水准。匠人与文士密切交流，并向其学习思想与诗画技艺，有的造园工匠在绘画诗文等能力达到一定水准后，甚至已经能够以造园家的身份全面主持造园事宜。满含雅致、简约的文人情怀的苏作明代家具，也是文士与匠人之间密切合作交流的结果，是文人理念与工匠技艺相结合的产物。文人与匠人、商贾、艺人等群体的联系更为紧密，其精神文化上的需求也更为世俗化。许多富有才识的文人将通俗文学的写作手法及精神特征引入高雅文学的创作领域中，使高雅文学一定程度上摆脱了教条化而变得更有活力。同时文人阶层加入到通俗文学的创作之中，也在一定程度上提升了通俗文学作品的整体创作水平。以《天工开物》《园冶》《长物志》等造物方面的专著为例，其作者都曾指导或亲身参与到实际的设计建造之中，与匠人有过深入合作沟通，因此书中的论述与寻常文人在园林建筑及家具方面的论述相比会更加客观、实用。这些文士与匠人互相交流学习、著书立论，而这些专业性极强的专著对园林建筑及家具的设计思想都有着极为重要的指导作用。

第三节　儒、释、道语境下的家具设计理念发展

明代家具设计艺术风格形成于宋、成熟于明、余绪于清，本身承载的是宋明时期长期占据思想世界主流地位的理学思潮，其设计风格是宋代家具设计艺术风格的延续与拓展，是两宋设计文化精研内敛性格的进一步升

华 。本文试从设计文化的视角探讨宋明理学思潮影响下设计文化的价值取向及其与宋明家具设计的密切关系——这也是被中国设计艺术研究长期忽视的设计文化学关照的内容 。

一、宋明理学与设计文化的价值取向

艺术设计的创造是艺术感性与技术理性相统一的结果。设计形式美感的背后是人们对其哲学思想与审美观念或人生境界与审美境界相和谐的理解和追求。明代家具设计艺术风格的形成就是宋明两代文人积极思考与设计文化价值取向共同抉择的结果。宋明理学是先秦儒家学说经魏晋隋唐时期道家及佛教思想冲击之后所形成的一种思潮，是肇端于唐代中期至北宋前期、经宋明思想家们的不断丰富而形成的一种影响广泛而久远的思想学说。

首先，理学家们糅合道家宇宙生成论和佛教的思辨哲学，对传统儒家学说注重伦理而缺乏严密体系的缺陷进行改造，注重探讨世界本原和哲学的思辨结构，使孔孟伦理学围绕理学的哲学逻辑结构贯彻和展开。无论是以程朱（程颢、程颐、朱熹）为代表的义理之学、以陆王（陆九渊、王阳明）为代表的心性之学，还是以张王（张载、王夫之）为代表的气学，均从不同视野把人的自我价值提升到宇宙本体的高度，强调以孔孟的生命智慧自觉地进行道德实践以清澈自己的生命，以儒家圣人为理想人格，以实现圣人之精神境界为人生的终极目的，充分体现了道德理性自我超越的深刻内涵，即将宇宙自然的善——“生生之德”运用于人类的精神活动“终日乾乾”的“仁”，以倡言“继善成性”来完成人与宇宙生命意义的化一。

其次，在道德理性的自觉实践中，理学家提出要达到儒家理想的人生境界，需要“格物穷理”“以物观物”“涵养省观”“敬静”等为学修养工夫，实现“存天理，去人欲”的心性超越。这是一种近乎释道的人生修养方法，目的是将人们引入静默内敛而精致的思维世界，将儒家的入世与道、释两家的出世弃世相兼容，建构起一种趋于完美与完善人格的内在生命冲动。

再次，在人物关系的处理上，理学家们常用“孔颜乐处”来概括这种精神的自由状态和诗意的境界，提示人们世界上比物质享受更重要、更值得追求的东西是心之所性的“仁”，而物质的东西是耳目之欲、身外之物，只有心所具有的东西才是“至贵至富，可爱可求”者。这种“乐”的境界就是达到知行合一、天人合一后道德与美的“和雅”。这种境界是“不怕艰苦而充满生意”、属伦理又超伦理、准审美又超审美的目的论的精神境界。理学家们用心的玄思关照儒家伦理道德世界，而使其由道德境界走向审美境界、走向宗教境界，无形中推动了文人艺术家在“庄禅合一”的境界中趋向儒家之审美体验的价值取向。

理学直入人的心性世界，强调以心性为本，通过改造“人心”来存养心性，将人的道德意志提升到宇宙本体的形上高度，从而“为天地立心”。在实践上，理学家讲求自觉地培养内心道德感，存性去欲，保持内敛静态、自然平淡的本性，以怡然自乐、寂静清脱的“无我”之省观来实现“天人合一”的精神境界。由于两宋时期宽松的学术环境及发达的传播技术以及统治集团实行的佑文政策，理学在文人这一强大的阶层内部及思想世界已成为主流文化形态。之后，经明代知识分子的阐发，理学超越思想史的狭隘范围而具有了一种特殊的亲和力与结合性，在当时社会特定心理条件下对人的精神世界产生了全面的影响，支配并贯穿了社会文化生活的每一个层面。在文艺领域，以文艺弘扬有道者的内心世界为旨归，由艺观道成为那个时代文人世界的价值取向。陆九渊说：“有德者必有言；诚有其实，必有其文。实者本也，文者末也，今人习之，所重在末。岂唯丧本，终将并其末而失之矣！”（《与吴子嗣书》）欧阳修《鉴画》曰：“闲和严静，趣远之心难求”，“萧条淡泊，此难画之意”（《欧阳文忠公集》第130卷）。苏东坡云：“大凡为文当使气象峥嵘，五色绚烂，渐老渐熟，乃造平淡。”（何文焕《历代诗话·竹坡诗话》）受此影响，理学语境下的宋明家具设计，其价值取向已较前代发生了根本性的转变：以静寂典雅、精致内敛和柔美秀丽超拔于汉唐的雄浑气势、壮阔意象和硕朴高蹈，并以含蓄而深邃的意境来取代汉唐壮美的艺术意象。人们宁可面对皓月星空的寂寥，而不再崇拜旭日朝阳的喷薄。有大批文人参与的家具设计，此时便扬弃了先秦时代的质朴浑厚、春秋秦汉的浪漫神奇、魏晋南北朝的婉雅秀逸和隋唐壮美华丽的审美走向，另辟出简洁隽秀的蹊径，开始了自“动”向“静”、由“绚烂”归于“平淡”的风格之变。如计成著《园冶》就极力倡言寂静清和，聊作出世之思，认为艺术营造的最高境界便是“虽由人作，宛自天开”。文震亨的《长物志》对家具设计与制作也提出要“萧疏雅洁”“便适”“尚用”，反对“雕绘文饰”“专事绚丽”。李诫所编修的《营造法式》以精研致思总结中国传统木构建筑经验，系统地提出“材分制”的模数理念，并归纳出大小木作制度，使建筑设计艺术完成了由经验型向精致系统型的革命性转变，同时也为家具设计艺术的转型提供了方法论支持。家具实物中，如现藏于南京博物院，传文徵明之弟子周公瑕所使用的一件紫檀扶手椅，靠背上刻有“无事此静坐，一日如两日，若活七十年，便是百四十”的五言绝句，此便是文人寄予家具设计之理学精神的真实写照。

二、宋明理学影响下的家具风格

设计文化的发展和设计风格的形成有其内在的逻辑与规律，并受到政治、经济、文化、社会的综合作用和潜在影响。两宋家具设计在思想世界、建筑形制、社会现状诸多因素的影响和文人积极参与的推动下，表现出简洁明快、隽秀素雅、清澈疏朗的特点，并逐渐成为一种时代风尚。虽实物存留有限，但结合大量反映现实生活题材的两宋绘画作品中的家具样式，仍可清晰地看到当时家具设计的风格特征：家具结构由前代繁复的箱型壶门结构转向简约的梁柱式的框架结构；各部件间根据设计要求以不同形式的榫卯连接；将线从面的表现中解放出来，使之成为独立的、主要的设计语言；附丽在家具表面的装饰纹样和漆饰逐渐消失，有节制的少量装饰也以结构件的形式出现。明代人强调以内在良知作为自身存在和修养至圣的依据，通过强调心与身、心与情的联系将两宋理学的心性之学发展到一个新的高度；以经济发展与技术进步为支持，在两宋设计之风基础上进一步扩张曲线在家具造型中的作用；充分挖掘硬木如花梨木、紫檀木、鸡翅木的材质加工特点和天然肌理优势，使构件与装饰的兼容更趋合理，拓展出更多的家具品类、组合类型和装饰手法。

明代人将宋代家具设计的简约之风提升到一个新的审美高度，使人们在与家具含蓄、高雅和自然之美的对话中，于心性世界深处去感悟理学家们所推崇的孔孟之人生意境。家具设计的文化学意义更为凸显，理学精神与社会的世俗文化相交融，万民异业而同道，随事而尽道，生活与实践能力差异的社会个体均在知行合一的多样化实践中磨炼道德意志，增强道德信念，为中国传统家具设计文化由“错彩镂金”向“清水芙蓉”的彻底转变注入了新的文化因子，由此也沉淀出走向世界家具设计艺术之巅的明式家具。

（一）家具的结构变化

两宋前（包括五代）的家具在结构上均采用箱型壶门结构，以低型家具为主。至宋代，受成熟建筑技术的影响，家具设计开始运用仿建筑结构的梁柱式框架结构，这种先进的结构形式与简洁的设计要素相组合，使家具形式的变化和创造空间得以极大拓展。由于垂足而坐已成为当时主要的起居方式，为适应不同日用需要而设计的高型家具十分普遍，如适于文人之用的圈椅、交椅、条桌、屏风（见《会昌九老图》《蕉荫袭球图》），会客休息之用的双连靠背椅、条凳（见《清明上河图》）、香几（见《维摩演教图》）、高几（图 6-3-2）等。河北巨鹿出土的长方桌和靠背椅两件实物，桌面和椅面使用攒框镶板，下设托角牙子，既起到了有节制的装饰作用，也对承重面和立腿起紧固作用。从壶门结构演化而来的“束腰”形式在桌或几面下也已出现。桌椅凳四足的断面除方形和圆形外，还出现了马蹄形（见《小庭婴戏图》），使简约形态不失灵动之气。尽管这种先进的结构形式能为家具设计带来创作上的自由驰骋和物性质量上尽善尽美的艺术表现空间，却有脱离人体实用功效而对心理意境尽美追求的趋向，但这一理学设计审美文化形态也在不断地努力完善，并向意识的深层发展。于是，我们看到艺术家在两者之间所做出的使之趋于平衡的努力：如椅子靠背与坐面大多呈 90 度，坐起来省力却不尽舒服，只能使坐者直身端坐。在理学家看来，公开场合中“宽袍大袖”的正人君子应“正襟危坐”，这样才显其“行得稳，坐得正”的君子风度和品行。在此，家具设计的目的性（坐）与理学家所规定的君子行为的目的性（做），通过空间造型的结构处理得以完美结合。在两宋的基础上，明代家具结构更趋严谨，做工更加精细，极其强调局部与局部之间的比例和局部装饰与整体形态的比例。出于家具品类及体量拓展的需要，明代家具在结构的节点间多辅以牙板、牙条、圈口、券口、矮佬、霸王枨、罗锅枨、卡子花等紧固件来强化结构的稳定性，较之两宋家具常见的连枨、牙子更为丰富多彩。明代家具构件间的榫卯连接技术日趋完善，出现了数十种服务于结构造型的榫卯形式。

图 6-3-1　宋・李公麟《会昌九老图》

图 6-3-2　宋・刘松年《唐五学士图》

(二)家具的装饰艺术

两宋家具中除常见的紧固件如连枨、牙子做必要的造型以起到装饰效果外,其他部位几乎少有装饰出现。由于明代家具中紧固件种类繁多,相应的装饰也多了起来,但仍以各种紧固件为雕镂点,与大面积的素地形成对比。明代家具雕刻手法多种多样,有浮雕、透雕、线刻等;在柜、橱、箱等家具上还配以金属饰件,能够达到美观、耐用的效果;装饰题材多取吉祥如意、忠孝节义之意。这种局部构件装饰线条挺秀,层次分明,虚实疏密适度,有效地实现了明代家具整体简雅、细部精美的艺术效果。在明代家具中,那些充满活力和动势的山水花鸟、人物故事、神话传说等装饰题材,其形式结构虽具有强烈的生命律动感,也只能被寄寓在以表现礼制法规、伦理道德的沉静结构之中,成为具有中国家具艺术特色的结构化装饰。在这里,自然情感和人性欲求通过家具的结构和装饰得到间接性的渲染,这正是理学家所推崇的"以理节情""情理交融"的内省文化精神的艺术体现,人们从中感受到的是超然物外的民族精神和文化道德的规范。

(三)家具的用材

宋代家具用材以木材为主,种类繁多,其中有杨木、桐木、杉木等软木,楸木、杏木、榆木、柏木、枣木、楠木、梓木等柴木,乌木、檀香木、花梨木(麝香木)等硬木。《宋会要辑稿》记载,开宝六年(973年),两浙节度使钱惟濬进贡"金棱七宝装乌木椅子、踏床子"等物,赵汝适《诸蕃志》也有"泉(即泉州)人多以为器用,如花梨木之类"的记载,说明当时使用硬木已经较为常见。南宋人黄伯思的《燕几图》还绘制有家具组合设计图样。明代生产力水平的提高和海上贸易的发展为家具设计制作提供了大量使用珍木材料的可能和技术保障。盛产于南洋的紫檀、黄花梨、鸡翅、酸枝、铁梨、乌木等被广泛运用于家具制作,这些异域材料大多质地细腻、色泽幽雅、斑纹华美,如紫檀金属般似绸缎的光泽,黄花梨色泽亦静亦喧、纹理若隐若现,鸡翅木的纹理像火焰重叠燃烧、似山水飘缈而变化无穷,铁梨木纹理则如行云流水,乌木则光亮如漆……匠人们尽可能地保持这些材料的天然肌理品质,以完满地显露出那些沉稳幽雅的光泽、细腻光硬的质感及奇变天趣的自然纹理,充分彰显出

“不事雕琢，天然成趣”的老庄质朴美学和儒学的人格品质意境。

长期以来，两宋家具设计艺术研究被明代家具研究的光环所遮蔽，人们乐于谈论明代家具的设计艺术风格。就设计风格构成和设计表现手法特点及规律而言，明代家具设计是对两宋家具设计形式与功能的完全继承和进一步补充完善，两者完全处于一个不可割裂的设计文化系统之中。这种简约之风随宋明之际流行于思想世界的理学盛而生、衰而变，理学与家具设计之间存在着广泛而密切的内在关联。从设计文化学的视角去关照两宋至清早期长达700余年的家具设计艺术发展史，便不难理解所谓的明代家具正是这一时期文人世界理学思潮和理学家身体力行所催生的简约设计之风的指称。其中两宋家具设计文化在这一风格形成过程中起到了开创性作用，它彰显的是有别于前代的另一种思想世界的精神风貌。至于将其冠之以明代家具或宋明家具并不重要，重要的是我们应把握到该时期家具设计文化发展的清晰脉络、探索到家具设计风格变化的深层推动力量，使我们有一个更为宏阔的学术视野来关照家具设计艺术，这也是家具设计文化研究的独特魅力所在。

参考文献

[1]李宗山. 中国家具史图说[M]. 武汉:湖北美术出版社,2001.

[2]聂菲. 中国古代家具鉴赏[M]. 成都:四川大学出版社,2000.

[3]董伯信. 中国古代家具综览[M]. 合肥:安徽科学技术出版社,2004.

[4]胡文彦,余淑岩. 中国家具文化[M]. 石家庄:河北美术出版社,2002.

[5]胡德生. 中国古代家具[M]. 上海:上海文化出版社,1992.

[6]扬之水. 唐宋家具寻微[M]. 北京:人民美术出版社,2015.

[7]何镇强,张石. 中外历代家具风格[M]. 郑州:河南科学技术出版社,1998.

[8]古斯塔夫·艾克. 中国花梨家具图考[M]. 北京地震出版社,1991.

[9]莱斯利·皮娜. 家具史(公元前3000—2000年),北京:中国林业出版社,2014.

[10]陈寅恪. 金明馆丛稿二编[M]. 上海:生活·读书·新知三联书店,2001.

[11]沈从文. 中国古代服饰研究[M]. 上海:上海书店出版社,1997.

[12]沈从文. 沈从文的文物世界[M]. 北京:北京出版社,2011.

[13]尚刚. 古物新知[M]. 上海:生活·读书·新知三联书店,2012.

[14]陈从周. 说园[M]. 南京:江苏文艺出版社,2009.

[15]高启安. 唐五代敦煌饮食文化研究[M]. 北京:民族出版社,2004.

[16]王仁湘. 饮食与中国文化[M]. 青岛:青岛出版社,2012.

[17]向达. 唐代长安与西域文明[M]. 长沙:湖南教育出版社,2010.

[18]谢弗. 唐代的外来文明[M]. 吴玉贵译. 北京:中国社会科学出版社,1995.

[19]杨耀. 明式家具研究[M]. 北京:中国建筑工业出版社,1986.

[20]王世襄.明式家具珍赏[M].北京:文物出版社,2003.

[21]王世襄.明式家具萃珍[M].上海:上海人民出版社,2005.

[22]濮安国.明清苏式家具[M].杭州:浙江摄影出版社,1999.

[23]张福昌主编.中国民俗家具[M].杭州:浙江摄影出版社,2005.

[24]侯明.北京文物精粹大系——家具卷[M].北京:北京出版社,2003.

[25]胡文彦.中国历代家具[M].哈尔滨:黑龙江人民出版社,1988.

[26]张军,徐丹.宋代文人家具的形式语言与审美特征研究[J].美术大观,2021(02).

[27]李笑,李永昌.从宋式家具装饰风格看宋代雅俗观念的嬗变[J].家具与室内装饰,2020(11).

[28]汪玉.明清家具风格的演变和发展[J].池州学院学报,2019,33(04).

[29]何志刚.晚明苏式家具中的文人审美趣味研究[D].南京艺术学院,2019.

[30]卢婷.苏作明式家具文化艺术及传承研究[D].四川农业大学,2019.

[31]明慧君.士文化影响下的宋代室内陈设艺术研究[D].华中师范大学,2019.

[32]傅毅,杨月华.清式家具的装饰风格研究[J].家具与室内装饰,2018(09).

[33]王进荣.明式桌椅类家具结构研究[D].福建农林大学,2018.

[34]孙巍巍,李德君.浅谈中国传统坐具形制的嬗变[J].兰台世界,2014(04).

[35]马飞.家具的嬗变——宋代高型家具研究[D].太原理工大学,2010.

[36]张禄.古代起居方式对家具形制变化的影响[D].武汉理工大学,2010.

[37]蔡如君.宋元家居及装饰研究[D].南京理工大学,2007.

[38]袁源.基于人文社会学视角的明代家具史研究[D].南京林业大学,2005.

[39]程媛钰.苏作明式家具的造物美学思想研究[D].武汉纺织大学,2020.

[40]傅毅,杨月华.清式家具的装饰风格研究[J].家具与室内装饰,2018(09).

[41]张乾.晚明苏州园林建筑与苏作明式家具关系研究[D].中南林业科技大学,2016.

[42]熊隽.唐代家具及其文化价值研究[D].华中师范大学,2015.

[43]李俊.唐代家具的形态语义研究[D].北京理工大学,2015.

[44]赵克理.宋明理学语境下的家具设计艺术[J].郑州轻工业学院学报(社会科学版),2011,12(02).

[45]赵慧.宋代室内意匠研究[D].中央美术学院,2009.

[45]许辉.唐代家具研究[D].东华大学,2007.

[46]张中华,许柏鸣.中国唐代家具风格划分与特征分析[J].家具与室内装饰,2020(01).

[47]张中华,许柏鸣.丝绸之路对唐代家具文化的影响[J].家具与室内装饰,2019(12).

[48]胡叶刚,胡蝶.唐代家具的装饰纹样研究[J].家具与室内装饰,2019(01).